Ribbon

手作美式
蝴蝶結
給我的小公主

網路人氣蝴蝶結老師　JTmama Lin　著

Intro
作者序

　　四年前，因為緞帶的魔力，以及一份媽媽心，而掉入了無法自拔的手作蝴蝶結迷戀。當時‧‧在市面上相關蝴蝶結 DIY 的書籍少之又少，翻遍了各大書店都是 ZAKKA 日式風手作，就是找不到有關美式蝴蝶結的手作書。網路搜尋，相關的資源也是寥寥無幾。在尋找許久之後，幸運地遇上了也是蝴蝶結達人的妮可媽。她無私地分享了四耳蝴蝶結扁平款的作法，於是正式打開了我的手作蝴蝶結之路。

　　開始手作蝴蝶結，由於當時緞帶素材非常少，只能購買書局內少量的亮面緞帶著手嘗試。花了不少時間搜尋緞帶材料，更花了不少金錢購買，在失敗與錯誤之中不斷地嘗試與學習。因為心底那份對蝴蝶結的熱愛，因為一份媽媽為女兒手作髮飾的堅持，因為老公 JT 的默默支持……這些不悔的嘗試與點點滴滴的摸索，都成了我日後玩蝴蝶結的種種心得與能量。在不斷嘗試各種緞帶與蝴蝶結之間的可能性，在想要更精益求精的自我挑戰下，在無數瘋狂與緞帶奮戰的夜裡，「四耳蝴蝶結立體款」的獨創結法，為我的堅持與熱愛，展開出了之後朵朵美麗蝴蝶結的可能。

　　手作蝴蝶結深深吸引著我的是，各種不同顏色、材質緞帶組合，所產生出的迷人色彩與個性。尤其，之於我，每一朵蝴蝶結不單僅僅是顏色的堆砌，更可以說是我抒發與記錄自己心情的手作故事。兒時對麥芽糖餅的回味，化為書中「童味 Q 夾」組合；夏季阿勃勒的串串金黃，成了書裡的「捲捲精靈」的靈感來源；黑白琴鍵下流瀉出的音樂，舞出「冬季的黑白舞曲」蝴蝶結創作等等作品……。手作蝴蝶結有種實現自我對美的詮釋，與創造生命喜悅的魔法，希望透過手感溫度，讓溫柔的緞帶，得以讓每個人心裡那位永遠的小公主，一直在生命中的各個篇章翩翩飛舞著美麗與幸福。

　　感謝老公 JT，在夜裡陪伴著我趕稿件，以及協助拍攝書內所有的作法步驟圖。更要感謝我們可愛女兒 Catty，在爸比的鏡頭下當起純真的小麻豆。以及我們的兒子 Daniel，每當我們全家為書中髮飾外拍時，他除了要幫忙拿眾多的東西以外，總是大方的在一旁自己玩耍與等待，尤其媽咪把緞帶亂成一團時，他總是耐性的幫媽咪捲好，與媽咪聊聊蝴蝶結的事。最後，感謝出版社主編玉芬姐、翠鈺對我的等待與包容，容忍我對出書這事如此的拖拖拉拉，希望透過這次的合作，我們可以把對手作的溫度傳遞給每一位喜愛蝴蝶結的女孩兒們。

About
本書使用説明

　　如何進入緞帶蝴蝶結髮飾的手作世界呢？本書除了有緞帶及工具、素材的簡單說明外，以由淺到深、簡單到變化的方式進行蝴蝶結作法的介紹，提供讀者可藉由本書，一個單元一個單元地依序做出緞帶蝴蝶結髮飾。

　　本書介紹的美式蝴蝶結有「單結蝴蝶結」、「雙耳蝴蝶結」、「四耳蝴蝶結立體款」、「四耳蝴蝶結扁平款」、「雙8字結」、「緞帶玫瑰花」。在製作時，請同時參閱附錄「單風車結」、「雙風車結」、「米字結」、「中心結」（鳥嘴結）、「裙帶蝴蝶結」，及「髮夾包緞」、「髮箍包緞」、「YOYO蕾絲圈」、「鬆緊繩穿洞」等相關作法，作出更加的組合。最後，再將蝴蝶結與Y夾、H夾、髮束、香蕉夾、彈跳夾、髮箍等等結合，做出實用大方的漂亮髮飾。

　　書中每個篇章以一到三個蝴蝶結作法為主，進行三到四個作品的組合與變化的示範，足以滿足手作族更多元的創作刺激。在編排上，每個章節的蝴蝶結作法，延續著前一章節，再進行多樣的組合與變化，能在技巧上不斷地提升，使得手作蝴蝶結作品更為豐富。在「緞帶舞蝴蝶結也可以這樣玩」的單元，提供作者所創作的作品，供各位在配色與組合創作時靈感的參考。在「Q&A」單元，提供作者教學多年的經驗，以及學習手作蝴蝶結者經常會碰到的問題解答。在「相關資訊」單元，提供緞帶及相關配件販賣的店家資訊。希望這些單元能幫助各位在手作蝴蝶結過程中更為輕鬆、容易。本書超值加贈實境教學DVD，將蝴蝶結相關基本作法一一做介紹，並就如何處理緞帶、剪燕尾、處理鬚邊、繞QQ線、蝴蝶結作品的組合方法做示範。

　　期望第一次接觸蝴蝶結的讀者，能隨著本書的編排，從基礎到進階蝴蝶結，都能一一地嘗試。而對於已經對美式蝴蝶結略有基礎，或深具功力的玩家而言，本書不少作法都是作者摸索三、四年來的心得與經驗。希望透過這次的出版能和各位進行更多不一樣作法的交流與分享。除了技法的示範外，每個作品都有作者的創作靈感與發想。書中短短的心情文字抒發，往往是作者給予作品注入新生命的重要元素。希望藉此書能引領各位用不同的角度，來欣賞美麗緞帶所舞出的蝴蝶結作品！

Contents

Contents

Part4 髮舞精靈

附錄

Part 1

緞帶工具
素材

Ribbon
緞帶

▲♔ 特多龍織帶

特多龍織帶的材質主要是聚酯纖維（polyester），由於這種緞帶是採左右來回織法，所以又稱「迴紋帶」或「羅紋帶」。另外，也因製作方式和印刷加工的不同，目前市面上的特多龍織帶質材非常多樣，以下簡單介紹的是本書偏用的特多龍織帶數種。

素色篇

俗稱「韓緞」：織帶面有亮亮的質感。

俗稱「美緞」：織帶面呈現粉嫩色調的質感。

俗稱「台緞」：織帶面呈現柔和色調的質感。

跳線篇

兩側滾邊織帶：寬度會比一般 25mm 寬的素色織帶來得寬約 1～2mm。

兩側跳線織帶：與亮面韓緞相同質感。

中間跳線織帶：一般是 6mm 寬的織帶，會出現中間跳線花樣。

米字跳線織帶：一般是 6mm 寬的織帶，會出現米字跳線花樣。

印刷花色篇

條紋織帶：條紋、格子圖樣，較偏學院風。

波爾卡點織帶：波爾卡點，在日式手作風上又稱「水玉」，大方而典雅。

碎花織帶：一般以玫瑰碎花圖樣較多，充滿浪漫氣息。

草莓織帶：草莓、蘋果、櫻桃等水果圖案，非常可愛。

海灘鞋織帶：花朵、海邊、南瓜、雪花等代表四季或節日的圖樣，是常見的印刷美緞。

仙子織帶：小精靈、仙子或公主圖樣，是近來深受小女孩喜愛的緞帶主題。

緞帶・工具・素材

Part1

13

荷葉邊緞帶：此為「美緞」，質地柔軟，單價偏高，可增加蝴蝶結的豐
富性和浪漫感。

捲捲條織帶：將特多龍織帶作成捲捲條，是另一種可愛風的緞帶代表。

素色雪紗帶：雪紗帶的柔軟質地，可以增加蝴蝶結的層次與夢幻感。

亮面尼龍緞帶：尼龍緞帶是一般包裝禮物上常見的亮面緞帶，運用在蝴蝶
結上可增加華麗風與精緻感。

格子織帶：這種格子緞帶質地偏薄且軟，打出來的蝴蝶結不是很挺，所以
一般都會和素色特多龍織帶一起重疊使用。

棉質蕾絲織帶：蕾絲織帶的日式浪漫風和色彩鮮明的美式緞帶蝴蝶結互相
搭配，揉合出一股不一樣的手作味道。

緞帶的寬度從 3mm 起都有，一般作蝴蝶結常使用的寬度大約是 3mm ～ 80mm 間，以下說明的是本書較常使用的緞帶寬度。又為區別緞帶寬度和長度的不同，寬度以 mm（毫米）來標示，長度則以 cm（公分）來標示，另提供網路賣家較常使用的寬度尺規以方便各位購買。

38mm 寬：又稱「12 分」，美規稱「1.5"」

25mm 寬：又稱「8 分」，美規稱「7/8"」

15mm 寬：又稱「4 分」，美規稱「5/8"」

10mm 寬：又稱「3 分」，美規稱「3/8"」

6mm 寬：又稱「2 分」，美規稱「2/8"」

3mm 寬：又稱「1 分」，美規稱「1/8"」

以上所提供的寬度尺寸可能會依各家廠商不同而多少有 1 ～ 2mm 的落差
美規出現的「 " 」表示英吋，1 英吋 =2.54cm，所以 1.5"=1.5×2.54=3.8cm

緞帶・工具・素材

Part 1

Tools
工具

a 打火機：緞帶只要剪過，尾端都必須使用打火機燒邊，以防緞帶尾端不斷鬚邊。

b 考克線：又稱「QQ線」，考克線一般是用來車布邊時使用的，我們運用其易扯斷的
特性，方便打蝴蝶結並定型。

c 小剪刀：一把銳利的小剪刀，在剪緞帶時可讓緞帶尾端的線條更為俐落。

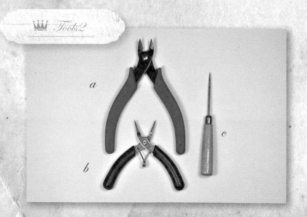

a 斜口鉗：若想用扣子來當貼飾，可用斜口鉗將扣子背後突起的部分剪掉。

b 無齒尖嘴鉗：如果蝴蝶結太厚，針不易拔出時，可用尖嘴鉗夾緊針後，幫助拉出。

c 錐子：有時木扣、檔珠的洞口太小，無法穿鬆緊繩時，可以用錐子幫忙鑽幾下，讓
洞口撐大一些。

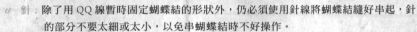

a 針：除了用 QQ 線暫時固定蝴蝶結的形狀外，仍必須使用針線將蝴蝶結縫好串起，針的部分不要太細或太小，以免串蝴蝶結時不好操作。

b c 線：圖中左邊三個是俗稱的拉不斷的線，使用時只需使用單線縫，在做造型多層次蝴蝶結當一一串起蝴蝶結並拉緊時，線不易拉斷。右邊是一般的線，相較之下拉緊蝴蝶結時，有時過於出力會扯斷，所以使用時往往以雙線縫為主。

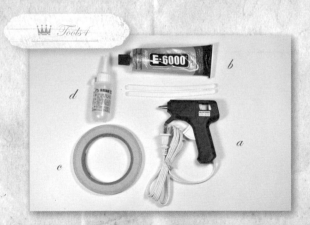

a 熱熔膠：要在熱熔槍高溫時使用，以免熱熔膠的黏著力不佳。

b E-6000 膠：一般是用來貼鑽用，黏著力非常強，但膠剛使用時會有一股難聞氣味。

c 布用雙面膠：布用雙面膠的寬度尺寸非常多，本書使用以寬度 10mm 與 6mm 為主。

d 保麗龍膠：一般文具行可購買，膠的凝固時間較長，本書較少使用到保麗龍膠。

Material
素材

a　b　c　d　e

a 彈跳夾：一般尺寸從 3cm 長到 10cm 長都有，本書最常使用的是 5cm 長。

b Y 字夾：平口夾之一，因外型像倒 Y 字，故一般稱之為 Y 字夾。

c H 字夾：平口夾之一，因外型像 H 字，故一般稱之為 H 字夾。

d 烤漆 H 夾（烤漆 H 字夾）：abc 三款髮夾沒有烤漆，所以髮飾戴久了，髮夾就會有生鏽
　　　　　　　　　　　　 的可能，使用烤漆夾，比較可以減少日後髮夾暴露在空氣中，
　　　　　　　　　　　　 或因流汗造成的氧化現象。

e 安全塑膠夾：這種髮夾常用於寶寶髮飾，質地較輕，髮夾也較平整，適合用於髮量少
　　　　　　　 的髮飾。

c　　b　　a

abc 鬆緊繩：粗細不一，從 1mm ～ 6mm 都有，可依髮量的多寡來決定要使用的粗細，
　　　　　　 一般以 2mm 的使用率最多。

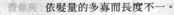

Material 3

香蕉夾：依髮量的多寡而長度不一。

a 　是 10cm 長。

b 　是 12.5cm 長，ab 兩款表面有上亮漆且較為細長。

c 　是 12cm，頭尾寬窄不同，表面無烤漆。

Material 4

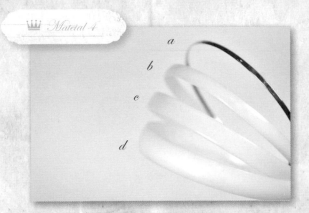

a 　鎳色髮箍：3mm ～ 5mm 寬都有，圖片 a 是 3mm。

b 　白色髮箍：10mm 寬，平面內部無齒，適合包緞。

c 　白色髮箍：14mm 寬，平面內部無齒，適合包緞。

d 　白色髮箍：20mm 寬，平面內部無齒，適合包緞。

緞帶・工具・素材

Part1

👑 *Mateial 5*

止滑墊片：美國進口的止滑墊片，每小片背面皆已有雙面膠，可直接撕下黏在 H 夾內。
　　　　止滑墊片主要是防止 H 夾夾瀏海時，容易滑落而設計。也可自行剪裁一般家用
　　　　的止滑墊來替代。

👑 *Mateial 6*

鈕扣：美國進口的鈕扣主題組合包內的鈕扣，色彩非常鮮明，造型可愛，非常適合作為美
　　　式蝴蝶結髮飾的貼飾。

a 卡通木扣：可用來作為髮束（鬆緊繩）的檔珠，或用斜口鉗剪掉背後的扣眼處，用來當作貼飾。

b 各式珠子：收集各種大小不同、顏色鮮艷的糖果珠或珍珠球，可用來當作髮束的檔珠。

a 編織帽：冬天寒冷或寶寶頭髮稀疏無法夾住髮夾時，可戴上編織帽，將髮夾夾在帽上。

b 寬版髮帶：寶寶髮量稀疏無法夾住髮夾時，可將髮夾夾在髮帶的洞口處使用。

緞帶・工具・素材

Part1

Part2

可愛小公主

Y字·H字夾包緞
handmade

半包緞：步驟 1～8 ＼ 全包緞髮夾：步驟 1～11

1

準備約 13cm 長、10mm 寬的緞帶和 H 夾。

緞帶目視成三等份，其中一頭的 1/3 先塗上膠，另一頭約 0.5cm 長反摺黏緊（參考步驟 3 圖）。

2

已塗好膠的 1/3 段放入 H 夾內黏緊。

3

接著將中間 1/3 的緞帶慢慢平整塗膠，H 夾的正面部分也需塗上一些膠。

4

將已塗好膠的中間 1/3 緞帶，順著 H 夾黏上。

5

最後 1/3 緞帶塗上膠。

6

順著 H 夾的形狀和凹處黏上緞帶，然後回到底面。

7

為了讓包緞的 H 夾平整緊實，可以拿其他的夾子，
夾緊緞帶和 H 夾，放置一旁，直到膠乾了為止。

8

半包緞 H 夾完成。

9

擔心髮夾夾在頭髮上會滑落，可在 H 夾內部上面，黏上止滑墊片。

若想做全包緞的 H 夾，準備的 1cm 寬緞帶必須約 19cm 長。將 19cm 長緞帶目視成四等份，
依序 Y 字 1/4 段塗上膠，然後順著 H 夾黏上，如上步驟。唯獨不同的是，如下：

10

尾端不需要像步驟 3 有 0.5cm 的反摺處。在尾端 1/4 處平塗上膠。

11

將已塗好膠的最後 1/4 段，黏回 H 夾內部，變成全包緞 H 夾。

前 1/3 段

1

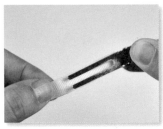

2

所有步驟開始前
尾端約 0.5cm 摺回黏緊

中 1/3 段

前 1/3 段

3

4

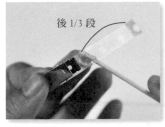

後 1/3 段

5

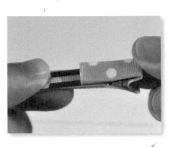

6

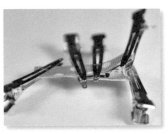

7

8

9

10

11

尾端約 0.5cm 事先反摺黏緊

可愛小公主

Point!

半包緞和全包緞的髮夾，最大的差異在於全包緞的髮夾雖整體看起來完整，
卻不適合用來夾進已綁好的頭髮上。若使用全包緞的 H 夾來夾會非常痛，只適合用來夾側邊未綁瀏海。
但它的好處是，若用未烤漆的 H 夾來包緞，全包緞的髮夾比較不會有生鏽的問題。

緞帶瀏海夾
童味 Q 夾組

小時候，某個午後，

遠方傳來爽朗的叫賣聲 —— 麥芽糖（ㄇㄟ～ ㄩ～ㄍㄜ～），

手裡握著小小的五元銅板，是期待的熱度，

看著叫賣阿伯拿出兩片圓圓的古早味餅乾，

挖坨油亮亮的麥芽糖夾進餅乾裡，插上竹棒，

最後將這麥芽糖餅裹上一層梅子粉。

當麥芽糖餅遞給小女孩時，那是簡單卻又興奮的滿足，

喜孜孜地握著麥芽糖餅，

回家路上，慢慢享受著那酸酸甜甜的味道，

這是「童味」，是放在心裡最寶貝、最美麗的回憶……

首部曲
原味 Q 夾

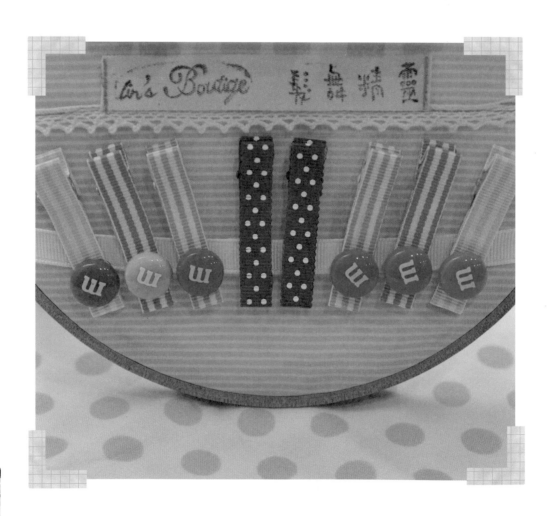

a

 緞帶與材料（一對）

a 特多龍花色織帶 – 紅底白點水玉
   10mm 寬 *13cm 長 2 條
b 5cm 長紅色烤漆 H 夾 2 個
c 紅色止滑墊片 2 片

b

c

Step 1

將紅底白點水玉織帶（材料 a）兩端，用打火機快速來回燒邊。

Step 2

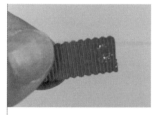

在尾端的背面，約 0.5cm 處塗上 E-6000 膠，反摺約 0.5cm 並黏緊。

Step 3

將步驟 2 已完成的織帶，拿出紅色烤漆 H 字夾（材料 b），依照 **H 字夾半包緞作法**，完成半包緞瀏海夾。

Step 4

將止滑墊片（材料 c）黏進已半包緞好的 H 字夾內，以增加髮夾夾緊瀏海的緊密度，不會因髮量少或髮絲細而鬆落。

Step 5

一對「首部曲·原味 Q 夾」作品完成。

可愛小公主

Part 2

二部曲
扣子 Q 夾

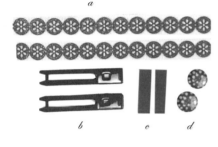

a

緞帶與材料（一對）

a 特多龍印刷織帶－白底紅色亮亮波爾卡點
12mm 寬 *13cm 長　2 條

b 5cm 長紅色烤漆 H 夾　2 個

c 水玉鈕扣　2 個

d 紅色止滑墊片　2 片

Step 1

先將白底紅色亮亮波爾卡
點織帶（材料 a）、止滑墊
片（材料 d）、烤漆 H 夾
（材料 b）依照 **H 字夾半
包緞作法**完成如圖的一對
髮夾。

Step 2

拿出水玉鈕扣（材料 c），
在鈕扣背面塗上一些
E-6000 膠後，黏在 H 字
夾（材料 b）上。

Step 3

一對「二部曲‧扣子 Q 夾」
作品完成。

可愛小公主

Part 2

三部曲
緞帶 Q 夾

三部曲‧緞帶 Q 夾

Part2

緞帶與材料（一對）

- *a*　特多龍花色織帶－白底紅綠相間波爾卡點
  10mm 寬 *13cm 長　2 條
- *b*　特多龍花色織帶－白底紅綠相間波爾卡點
  10mm 寬 *12cm 長　2 條
- *c*　特多龍花色織帶－白底紅綠相間波爾卡點
  10mm 寬 *4cm　2 條
- *d*　5㎝ 長紅色烤漆 H 夾　2 個
- *e*　紅色止滑墊片　2 片

Step 1

先將白底紅綠相間波爾卡點織帶（材料 a）、烤漆 H 夾（材料 d）、止滑墊片（材料 e）依照 **H 字夾半包緞作法** 完成如圖的一對髮夾。

Step 2

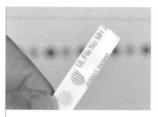

拿另一條白底紅綠相間波爾卡點織帶（材料 b），在背面任一端貼上一段約 1.5～2cm 的 10mm 寬布用雙面膠。

Step 3

兩段相疊處約 2cm

將步驟 2 完成已貼膠的織帶繞一個圈狀，雙面膠黏的地方即是織帶兩端相疊之處。

Step 4

做一個圈狀後，在相疊處的內部塗上一點膠。

Step 5

上方中心處往塗膠處下壓黏緊

將圈狀織帶上方中心處往塗膠處下壓，並黏緊左右兩方勿壓扁，以增加蝴蝶結的俏皮感。

Step 6

注意兩端花色的對應

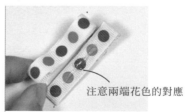

在步驟 1 完成的半包緞 H 夾上塗上一層膠，將步驟 5 完成的緞帶結放上黏緊。

可愛小公主

Part 2

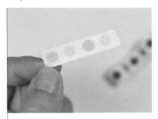

Step 7

白底紅綠相間波爾卡點織帶
（材料 c）背面黏上 10mm 寬
的布用雙面膠。

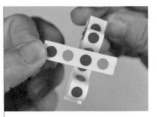

Step 8

將步驟 7 完成貼膠的 4cm
長織帶黏在步驟 6 完成的
半成品中心處。包 H 夾
的緞帶和緞帶結花色及圖
案的搭配要有一致性。如
圖，紅色點點和綠色點點
相對。

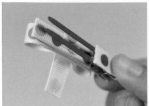

Step 9

將一側摺進 H 夾（材料 d）
的內側。

Step 8 **小提醒：**
圖形的搭配和一致性，如圖中心處是紅點，那黏上去的
部分也必須是紅點。

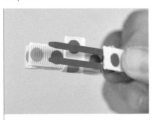

Step 10

另一側也摺進 H 夾內側和
步驟 9 部分相疊。

Step 11

用小剪刀沿著 H 夾外側
邊，把多餘的緞帶修齊。

Step 12

一對「三部曲・緞帶 Q
夾」作品完成。

三部曲・緞帶 Q 夾

Part 2

緞帶瀏海夾
童味 Q 夾組包裝

緞帶與材料（整套）

a 透明耐熱塑膠袋　15cm 寬 *19cm 長　1 個
b 圓形紙杯墊　直徑 8cm　2 個
c 冰棒棍　10mm 寬 *11cm 長　1 支
d 桃紅色亮面緞帶　6mm 寬 *30cm 長　1 條
e 布用印泥台　1 個
f 長形手工橡擦皮印章　1 個

Step 1

在冰棒棍（材料 c）一端蓋上長形圖案（材料 e、f）。

Step 2

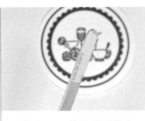

冰棒棍另一端的背面黏上約 4～5cm 長的 10mm 寬布用雙面膠。如圖黏在一張圓形杯墊（材料 b）上。

Step 3

另一張圓形杯墊（材料 b）以圓心為中心，用鉛筆輕畫一條長約 5～6cm 的線段。用美工刀將所畫的線段割出一道 5～6cm 長的開口。兩片圓形紙杯墊周圍塗膠，並黏緊。

Step 4

首部曲、二部曲及三部曲各一支髮夾進中心所畫開的開口，成一組合。

Step 5

透明塑膠袋（材料 a）若超過冰棒棍長度太長，要用剪刀將塑膠袋修剪出需要的長度。

Step 6

塑膠袋套進步驟 4 已完成的緞帶瀏海夾組合，然後拿桃紅色亮面緞帶（材料 d）綁緊，打一個裙帶蝴蝶結（參考附錄作法）即完成作品「緞帶瀏海夾・童味 Q 夾組包裝」。

Ribbon for my girl

單結蝴蝶結
handmade

1

將緞帶作一個圈狀，緞帶兩端重疊處約 1～2cm。

2

目測找出中心點，並自中心點處將圈狀緞帶下壓成扁平狀。

3

再以中心點為基準，將緞帶左右兩側往中心點做對摺狀。

4

接著將對摺狀緞帶，從左右兩側再往外側翻摺回，
使整個圈狀中心處成 M 字型。

5

捏緊緞帶一邊，另一手拿 QQ 線，纏繞中心點數圈。

6

調整兩邊蝴蝶結形狀呈一致，「單結蝴蝶結」完成。

1

中心點

2

中心點

3

4

5

6

$\{$ *Point!* $\}$

纏繞 QQ 線的技巧：

一端向內繞 3～4 圈後扯斷剩餘 QQ 線，
另一端向外繞 3～4 圈用力扯斷 QQ 線即可。

Part2

寶貝物語・蝶兒飛飛

Part2

寶貝物語
蝶兒飛飛

我的寶貝啊！

給你一點甜，給你一點美。

有媽媽的愛，

相信，

我的寶貝，

必成為翩翩飛舞的蝶兒，

懷著美麗的溫度與祝福，

勇敢地向天際飛去，

追尋那屬於你的夢之園。

  緞帶與材料（一對）

a	特多龍花色織帶 – 淡粉紅底白點水玉條紋 25mm 寬 *16cm 長　2 條
b	雙面亮面緞帶 – 淡粉紅色　25mm 寬 *16cm 長　2 條
c	雙面亮面緞帶 – 湖水綠色　6mm 寬 *11cm 長　2 條
d	特多龍素色織帶 – 白色　3mm 寬 *13cm 長　2 條
e	特多龍素色織帶 – 淡粉紅色　3mm 寬 *13cm 長　2 條
f	塑膠安全夾　5.5cm 長　2 個

Step 1

將淡粉紅底白點水玉特多龍花色織帶（材料 a）依**單結蝴蝶結作法**，繞一個約 5 ～ 6 公分的圈狀。

Step 2

依單結蝴蝶結作法，目視中心點，捏摺出兩摺。

Step 3

左手捏住中心捏摺處，右手拿 QQ 線一頭，由外側向內側（逆時針方向）繞 QQ 線約 3 ～ 5 圈後向下扯斷多餘的 QQ 線。接著再拿另一端 QQ 線，由內側向外側（順時針方向）繞 QQ 線約 3 ～ 5 圈後向下扯斷多餘的 QQ 線。

Step 4

將淡粉紅色亮面緞帶（材料 b）依**單結蝴蝶結作法**，繞一個約 5 ～ 6 公分間的圈狀，以步驟 3 完成的單結比對一下大小是否一致。

Step 5

材料 a 和材料 b 分別完成各兩個單結蝴蝶結，如圖上下排列好，拿出針線，針先從下層的亮面緞單結起針、出針。

Step 6

接著如圖，把針刺入上層白點水玉結。

可愛小公主

Part2

43

將用針線串起的上下兩單結拉緊，並調整好上下位置。

以多出的線繞串好的兩個單結約 2 ～ 3 圈並拉緊。

在單結背後的中心處起一針，以利收針。

收針時，可以以線繞針約 2 ～ 3 圈後，壓住起針繞圈處後，將針拉出即可。

將粉紅色織帶（材料 e）一端，繞一個圈狀。

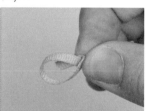

將上方的織帶一端往下，預備往圈狀穿出。

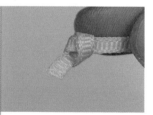

拉出自圈狀穿出的織帶，並拉緊。

依步驟 11 ～ 13 的作法，將材料 d 和材料 e 的左右兩端，完成如圖的結。

針線自步驟 14 完成的兩條觸鬚結交叉處起針。

小叮嚀：
打結後的織帶若有鬚邊，
要以打火機快速來回燒邊一次。

Step 16

觸鬚結起針後，放在上層白點水玉結的上方，和步驟 10 完成的上下層單結一起緊縫。

Step 17

湖水綠亮面緞帶（材料 c）依中心結作法，打出**中心結**（參考附錄作法）。

Step 18

在步驟 16 完成的蝴蝶結中心的縫線處上一點膠後，將已打好的中心結置中放上，蓋住中心縫線處。

Step 19

在背面的中心縫線處，塗上熱熔膠。

Step 20

將中心結的兩邊湖水綠緞帶快速黏上。

Step 21

塑膠安全夾（材料 f）塗上熱熔膠，黏緊在蝴蝶結背面上。

Step 22

安全夾黏緊後，將多出的湖水綠緞帶塗上膠，繞過安全夾黏緊，以增加整個蝴蝶結的完整性。

Step 23

兩個**單結蝴蝶結**變化的髮夾作品「寶貝物語‧蝶兒飛飛」完成。

可愛小公主

Part2

Lady 物語
希臘的天空

在我心裡有一幅畫，

蔚藍的希臘天空下，

穿著一襲白色長洋裝的 lady，

那紮起的馬尾，

隨著輕快的腳步，

舞動在藍與白之間。

雖然只是瞬間，

卻已在希臘的天空，畫出一道永恆……

可愛小公主

🕊 緞帶與材料（單個）

a 大水玉雙面織帶 - 藍底綠點　38mm 寬 *30cm 長　2 條
b 特多龍織帶 - 白色　38mm 寬 *30cm 長　2 條
c 大水玉雙面織帶 - 藍底綠點　38mm 寬 *8cm 長　2 條
d 黑色香蕉夾　13cm 長　1 個
e 寬布用雙面膠　6mm 寬 *8cm 長　2 條

從側邊此處插入第一針
相對另一邊出針

Step 1

將藍底綠點大水玉雙面織帶
（材料 a）和白色特多龍織帶
（材料 b）重疊，依**單結蝴
蝶結作法**，打出兩個約 11cm
長的單結蝴蝶結。

Step 2

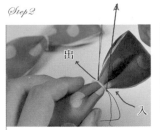

用針線，如圖將步驟 1 的
兩個單結蝴蝶結緊縫。

Step 3

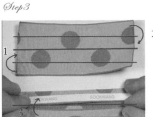

將大水玉雙面織帶（材料 c）
分為四等份，往上、往下
對中心線摺，然後用布用
雙面膠（材料 e）黏其中
一邊後，再對摺黏緊。

上下對摺再對摺好的
平面中心結不需打結

Step 4

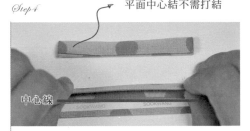

中心線

做好的**平面中心結**（不打結的中心結），如
圖中上條。另外一塊（材料 c），也如步驟
3 一樣，完成平面中心結。

Step 5

將步驟 3、4 做好的平面中心結，分別
繞過做的兩個單結蝴蝶結，並在背面
上熱熔膠黏緊。

縫約 2～3 圈
線必須繞過及卡在齒梳間！

Step 6

用深色的線將兩個單結蝴蝶結縫在 13cm 長的
香蕉夾（材料 d）上。香蕉夾上下兩端都要縫，
上下兩端分別各自縫 2～3 圈，並且深色的線
必須繞過以及卡在香蕉夾的齒梳間。

Step 7

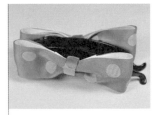

兩個**單結蝴蝶結**組合作品
「Lady 物語・希臘的天
空」完成。

夢的物語·獨角獸之夢

Part 2

夢的物語
獨角獸之夢

喜歡作夢的女孩，

總說自己是公主，

幻想著自己是夢幻塔裡的長髮公主，

等待著夢中那位騎著獨角獸的王子……

a
b
c
d
e
f

緞帶與材料（一對）

a　特多龍花色織帶 – 紫底白獨角獸圖樣　25mm 寬 *16cm 長　2 條

b　特多龍素色織帶 – 白色　25mm 寬 *16cm 長　2 條

c　特多龍花色織帶 – 紫底白獨角獸圖樣　25mm 寬 *17cm 長　2 條

d　特多龍素色織帶 – 粉紅色　25mm 寬 *17cm 長　2 條

e　特多龍素色織帶 – 鵝黃色　6mm 寬 *7cm 長　2 條

f　粉紅色鬆緊繩　25cm 長　2 條、紫色檔珠　2 顆

先將紫底白獨角獸織帶（材料 c）和粉紅色特多龍織帶（材料 d）重疊，取中心點直接摺兩摺（如**單結蝴蝶結**的摺法）後，繞 QQ 線打出兩條裝飾帶。

分別將步驟 1 的兩條裝飾帶兩端剪出**燕尾狀**，然後用打火機快速燒邊，以防緞帶尾端鬚邊。

將紫底白獨角獸織帶（材料 a）和白色特多龍織帶（材料 b）重疊，依**單結蝴蝶結作法**，分別打出兩個約 6cm 長的單結蝴蝶結。然後用針線將步驟 2 的燕尾裝飾帶和步驟 3 的單結蝴蝶結縫起。

在步驟 3 的單蝴蝶結背面，縫上已串好檔珠的粉紅鬆緊繩（材料 f）（參考附錄作法）。注意針線必須穿過鬆緊繩 1～2 次，並和蝴蝶結縫緊。

用鵝黃色織帶（材料 e）繞過中心處，並遮住縫線，織帶兩端在蝴蝶結背面以熱熔膠交疊黏緊後，剪掉多餘的緞帶。

可愛的髮飾作品「夢的物語‧獨角獸之夢」完成。

可愛小公主

Part2

女孩物語・草莓巧克力奶昔

女孩物語
草莓巧克力奶昔

當牛奶加上草莓，
粉粉的、嫩嫩的心情於是渲染開來，
再加球飄浮的巧克力冰淇淋，迫不及待喝一口……
喔！草莓＋牛奶＋巧克力冰淇淋 Mix 出──
屬於女孩的、獨特的奶昔風味。

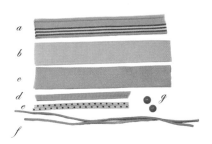

🕊 緞帶與材料（一對）

a　雙面條紋織帶 - 淡粉紅底可可條紋　25mm 寬 *16cm 長　2 條

b　特多龍素色織帶 - 淡粉紅色　25mm 寬 *16cm 長　2 條

c　特多龍素色織帶 - 米色　25mm 寬 *16cm 長　2 條

d　特多龍素色織帶 - 粉紅色　6mm 寬 *10cm 長　2 條

e　亮面水玉緞帶 - 米底咖啡點點　3mm 寬 *10cm 長　2 條

f　米色鬆緊繩　20cm 長　2 條

g　桃粉紅檔珠　2 顆

Step 1

分別將條紋織帶（材料 a）、淡粉紅色織帶（材料 b）和米色織帶（材料 c），依**單結蝴蝶結作法**，打出各約 5cm 長的單結蝴蝶結。

Step 2

將粉紅色織帶（材料 d）和米底咖啡點點緞帶（材料 e）重疊，依**中心結作法**，打出兩個中心結。

Step 3

先將兩個素色單結蝴蝶上下縫好，再將條紋單結蝴蝶結置中放上並緊縫。

> 針必須刺入鬆緊繩再與蝴蝶結一起緊縫！

Step 4

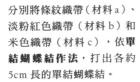

在步驟 3 的蝴蝶結背面，縫上已串好檔珠的米色鬆緊繩（材料 f）。注意針線必須穿過鬆緊繩 1～2 次，並同時和蝴蝶結背面一起縫緊，和整個蝴蝶結一起繞兩、三圈後拉緊，在蝴蝶結背面打結。

Step 5

最後，將步驟 2 已打好的中心結繞過中心處遮住縫線，並在背後用熱熔膠黏上，以及剪掉多餘的緞帶。作品「女孩物語·草莓巧克力奶昔」完成。

可愛小公主

Part2

57

Part3

花樣女孩

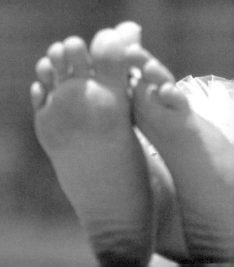

1

將緞帶兩端交叉相疊,交叉處呈垂直狀,且左右兩端長度一致。

2

目測出交叉處中心點後,自中心點下壓,和圈狀緞帶的中心點重疊一起。

3

一手(左手)固定緞帶一端,一手(右手)自右往左,捏摺三折後抓緊。

4

一手抓緊捏摺處,一手纏繞 QQ 線數圈,以固定捏摺處。

5

調整左右兩耳大小及對稱,「雙耳蝴蝶結」完成。

1

2

3

4

5

Part3

神秘物語・土耳其藍石

Part3

62

神秘物語
土耳其藍石

土耳其藍，

一種來自古老東方的神秘色彩，

脫俗的蜜桃基調，

襯托出神秘色彩中所蘊藏的典雅氣息。

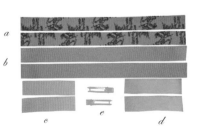

a
b
c　e　d

🕊 緞帶與材料（一對）

a　特多龍花色織帶－土耳其藍底黑色仕女圖
　　25mm 寬 *32cm 長　2 條

b　特多龍亮素色織帶－蜜桃色　25mm 寬 *32cm 長　2 條

c　特多龍亮素色織帶－土耳其藍色　25mm 寬 *9cm 長　2 條

d　亮面緞帶－寶藍色　25mm 寬 *12cm 長　2 條

e　粉紅色烤漆 H 夾　5cm 長　2 個

Step 1

將花色織帶（材料 a）、蜜桃色織帶（材料 b），依**雙耳蝴蝶結作法**，用 QQ 線分別打出各兩個雙耳蝴蝶蝴蝶結。然後，將土耳其藍織帶（材料 c）兩端剪出**燕尾狀**。並將寶藍色亮面緞帶（材料 d）三等份對摺，再用雙面膠黏好成約 1cm 左右寬，最後打出**中心結**。

Step 2

用針線將材料 a、材料 c、材料 b 做出的結，依序上下串好縫緊。

Step 3

將用材料 d 做好的中心結，繞過中心處到蝴蝶結背面，用熱熔膠將中心結和串縫好的蝴蝶結黏緊。接著再黏上粉紅色烤漆 H 夾（材料 e），並將多餘的緞帶繞過 H 夾後剪下。

Step 4

最後，用小剪刀將上下兩層的**雙耳蝴蝶結**的兩尾端修剪出斜角。「神秘物語‧土耳其藍石」作品完成。

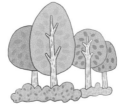

花樣女孩

海洋物語・甜美海軍風

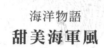

海洋物語
甜美海軍風

寬闊的海，蔚藍的天，
甜美的你。

夏季航行，驪歌四起，
願我的寶貝，
充滿自信、樂觀與勇氣，
航向未來的無限寬廣與美好。

花樣女孩

Part 3

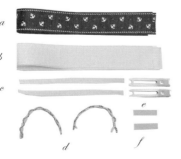

緞帶與材料（一對）

a　特多龍花色織帶－深藍底白船錨圖案　25mm寬 *32cm長　2條
b　特多龍素色織帶－白色　25mm寬 *35cm長　2條
c　特多龍素色織帶－白色　6mm寬 *13cm長　2條
d　造型繩子珠帶－白銀色　3mm寬 *8cm長　2條
e　淺藍色烤漆H夾　5cm長　2個
f　止滑墊片　2片

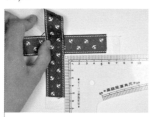

將深藍底白船錨花色織帶
（材料 a）、白色織帶（材
料 b）重疊，底下的白色
織帶分別在左右尾端，各
露出約 1.5cm，依**雙耳蝴**
蝶結作法，將緞帶垂直交
錯，各留 7cm 長的緞帶做
緞帶尾。

依雙耳蝴蝶結作法，在垂
直交錯中心處捏三摺。

由外側向內側

垂直出力拉扯

左手捏緊三摺處，右手
拿 QQ 線，由外側向內
側繞緊雙耳蝴蝶結 3～5
圈後，垂直出力扯斷 QQ
線。

右手拿另一端 QQ 線，由
內側向外側繞緊雙耳蝴蝶
結 3～5 圈後，垂直出力
扯斷 QQ 線。

將深藍底白船錨織帶的雙
耳蝴蝶結，兩尾端各自對
摺，用小剪刀斜 45 度方
向，修剪出燕尾狀。

5mm

在深藍底白船錨織帶剪完
燕尾狀後，離約 5mm 寬
的間距，直接各自修剪重
疊在下的白色織帶成燕尾
狀。

花樣女孩

Part 3

Step 7

以打火機快速來回燒燕尾端，以防鬚邊。

Step 8

拿針線從背後的捏摺中心凹處起針。

Step 9

再由正面出針。

Step 10

接著，從正面入針到背後。

Step 11

在背面出針後，便可進行打結收尾。做幾次來回的出入針，可以更牢固。

Step 12

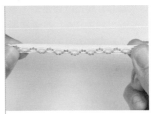

將白色織帶（材料 c）和白銀繩子珠帶（材料 d）重疊。

塗上熱熔膠，讓中心結兩邊緞帶和蝴蝶結背面相黏緊

Step 13

依照**中心結作法**，打出中心結。

Step 14

中心結繞過已縫好的雙耳蝴蝶結的中心處，並在背面擠上熱熔膠。

Step 15

中心結的兩邊緞帶，黏在蝴蝶結背面。兩端緞帶需側向一邊相黏緊，讓背面中間產生平面，以利黏上髮夾。

用小剪刀剪掉背後多餘的繩子珠。

將熱熔膠擠在蝴蝶結背面，5cm 長的膠狀。

上膠後立即放上 H 夾，動作要快，以免因膠的溫度下降而影響其黏性。並在放上 H 夾後，緊按髮夾約 1 分鐘，讓髮夾可以順利地和熱熔膠緊密黏合。

擠點熱熔膠，與中心結側邊緞帶處黏緊

中心結側向一邊的多餘緞帶，可以等髮夾黏緊，打開髮夾後，再繞過髮夾。

擠些熱熔膠在跨過髮夾的多餘小部分緞帶上，與中心結黏合。

將止滑墊片上的背膠條撕下，黏在 H 夾內。

雙耳蝴蝶結作品「海洋物語・甜美海軍風」完成。

花樣女孩

Part 3

71

童年物語・波妞意象

Part3

童年物語
波妞意象

白上衣、紅衣裳，可愛的波妞，
乾乾淨淨的臉蛋，露出活潑、開朗、積極的堅定，
向自己想要的幸福與夢想，邁－開－大－步－
譜出一段童話的美人魚奇緣。

緞帶與材料（一對）

a　特多龍素色織帶－紅色　38mm寬*37cm長　2條
b　特多龍素色織帶－白色　38mm寬*37cm長　2條
c　荷葉緞帶－蜜桃色　22mm寬*26cm長　2條
d　特多龍素色織帶－紅色　10mm寬*15cm長　2條
e　特多龍素色織帶－白色　6mm寬*15cm長　2條
f　彈跳夾　5cm長　2個　、蜜桃色星星貼飾　2個

Step 1

將紅色素色織帶（材料a）、白色素色織帶（材料b），**依雙耳蝴蝶結作法**，分別用QQ線打出各兩個雙耳蝴蝶結。

Step 2

依單風車結作法（參考附錄作法），將荷葉緞帶（材料c）各打出各兩個單風車結，尾端並修剪成**燕尾狀**。

Step 3

將紅色織帶（材料d）和白色織帶（材料e）重疊，依**中心結作法**，打出兩個中心結。

Step 4

拿出針、線，如圖示順序（紅→白→粉紅），由下層往上層，將步驟1～2所完成的蝴蝶結串起。

Step 5

左手固定好蝴蝶結，用QQ線多繞幾圈後，在背面縫緊並打結。

Step 6

用熱熔膠將步驟3完成的中心結和整個蝴蝶結黏緊後，再將彈跳夾黏上（材料f）。

Step 7

緞帶繞過彈跳夾後，將多出的緞帶剪下。

Step 8

最後在蝴蝶結兩側邊各黏上星星貼飾（材料f），作品「童年物語·波妞意象」完成。

花樣女孩

Part 3

75

四耳蝴蝶結
立體款
handmade

1

取一條約 45cm 的緞帶，左手按在緞帶的 1/4 處，即中心點，
分上半 1/4 長、下半 3/4 長兩部分。

2

右手拿上半 1/4 長部分的緞帶，往下做出第一個耳狀。
往下時，可以偏左「扭」一下緞帶，如圖。
讓尾端和左手按住的中心處成交叉，近垂直樣。

3

右手拿下半 3/4 長部分的緞帶，往上做出第二耳狀。
往上時，一樣偏左 「扭」 一下緞帶，如圖。左手持續按住重疊的緞帶。

4

繞過中心點，右手用剩下的緞帶繼續往下做出第三耳狀。

5

接著，右手將剩下的緞帶往上，回到左手持續按住的中心處，做出第四耳。

6

請注意，做完四耳後，此時蝴蝶結背面的緞帶是平行重疊的。

7

左手固定緞帶一端，右手自右邊往左，捏摺三或四摺後，左手捏緊。

8

左手捏緊摺處，右手拿 QQ 線纏繞數圈，以固定捏摺處。

9

往中心處，拉挺四耳，調整左右四耳大小及對稱，「四耳蝴蝶結立體款」完成。

中心點

往下偏左扭一下做出第一耳

整條緞帶的 1／4 長

1

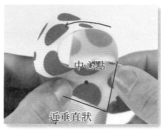

中心點

近垂直狀

2

往上偏左扭一下
做出第二耳

3

第三耳

中心點

4

第一耳

第三耳

中心點

第二耳　　第四耳

5

緞帶結背面的緞帶
是平行重疊的

6

依中心點自右往左

7

8

9

條紋物語 · 薄荷藍之舞

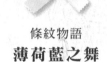

條紋物語
薄荷藍之舞

薄荷藍，多麼令人感到舒適的顏色啊！

如薄荷茶般，

如小女孩的笑靨般，

如滑動的流水般，

帶給煩悶的心，

陣陣的緩和、放鬆與舒暢……

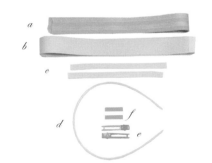

🕊 **緞帶與材料（一組）**

a　條紋織帶　25mm 寬 *45cm 長　2 條

b　特多龍織帶 - 粉紅色　25mm 寬 *100cm 長　2 條

c　特多龍織帶 - 粉紅色　10mm 寬 *15cm 長　2 條

d　白色平面無齒髮籃　15mm 寬　1 個

e　粉紅烤漆 H 夾　2 個

f　水藍止滑片　2 片

Step 1

依**四耳蝴蝶結立體款作法**，將兩條條紋織帶（材料 a）分別出出兩朵四耳蝴蝶結。

Step 2

用針線將兩朵用 QQ 線打好的蝴蝶結分別縫好。

Step 3

將兩條粉色特多龍織帶（材料 c），分別打出**中心結**。

Step 4

中心結繞過蝴蝶結中心處到背面，用熱熔膠黏緊。

Step 5

將粉紅色烤漆 H 夾（材料 e），放置在蝴蝶結背面，用膠黏緊，並在 H 夾內部上方黏上止滑片（材料 e）。

Step 6

做好的蝴蝶結，可以拿單個髮夾插入已包好緞的髮箍（15mm 寬）結合在一起，變成二合一的髮箍唷！

 粉紅包緞髮箍作法（15mm 寬）

Step 1

髮箍兩端先用同色緞帶包住尾端，再拿長約 100cm 的粉紅色緞帶（材料 b），從一端開始，如圖，突出部分須塗膠後，再黏在髮箍面。

Step 2

長的緞帶以斜 45 度角開始包緞。由於髮箍面無須上膠，所以緞帶包緞時，必須隨時拉緊，並與髮箍面貼合（因沒有先在髮箍上膠，所以包不好可以重來）。

Step 3

這款**髮箍**是將蝴蝶結髮夾插入結合的二**合一髮飾**，所以**包緞**時，緞帶和緞帶之間需要有約 5mm 左右的**重疊**。

Step 4

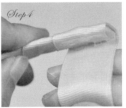

尾端收尾時，注意要塗上膠，並多繞一到兩圈黏緊後，再剪下多餘的緞帶。

花樣女孩

Part 3

水玉物語
波爾卡點之舞

波爾卡舞源自波蘭捷克民族舞蹈，
那不停繞圈圈的舞步，
在普普藝術時尚的點綴，
旋轉出「波爾卡點」（Polka dot）潮流，
於是，
緞帶上跳動的點點， 簡潔的視覺感受，
散發出輕鬆俏皮的跳躍旋律。

花樣女孩

 緞帶與材料（一對）

a 波爾卡點花色織帶－灰底粉紅點　25mm 寬 *30cm 長　2 條
b 特多龍素色織帶－米色　25mm 寬 *30cm 長　2 條
c 特多龍素色織帶－淡粉紅色　25mm 寬 *45cm 長　2 條
d 特多龍素色織帶－粉紅色　10mm 寬 *15cm 長　2 條
e 特多龍素色織帶－米色　6mm 寬 *15cm 長　2 條
f 粉紅烤漆 H 夾　2 個
g 粉紅止滑片 2 片

Step 1

依**四耳蝴蝶結立體款作法**，先將兩條淡粉紅素色織帶（材料 c）分別打出兩朵四耳蝴蝶結。

Step 2

米色織帶（材料 b）依**雙耳蝴蝶結作法**，打出兩朵雙耳蝴蝶結，並剪出**燕尾狀**。

Step 3

波爾卡點織帶（材料 a），同步驟 2，依**雙耳蝴蝶結作法**打出兩朵雙耳蝴蝶結，並剪出**燕尾狀**。

Step 4

粉紅織帶（材料 d）和米色織帶（材料 e）重疊，打出**中心結**。

Step 5

中間的米色雙耳蝴蝶結放置的方向是尾端朝上方。

拿出針線，如圖示順序，由下層往上層將步驟（1～3）完成的蝴蝶結依序串起，整個蝴蝶結用 QQ 線多繞幾圈後，在背面縫緊打結。

$$\left\{ \begin{array}{l} 1：淡粉紅色四耳蝴蝶結 \\ 2：米色雙耳蝴蝶結 \\ 3：波爾卡點雙耳蝴蝶結 \end{array} \right\}$$

Step 6

尾端的燕尾狀如果過於突出，可以再次修剪燕尾狀成適當的比例。最後在背面黏上粉紅烤漆 H 夾（材料 f），並放上止滑片（材料 f）。

Step 7

四耳蝴蝶結和**雙耳蝴蝶結**的組合作品「水玉物語・波爾卡點之舞」完成。也可以和包緞髮箍一起搭配唷！

花樣女孩

Part 3

格子物語
學院風之戀

蘇格蘭格紋，
典雅氣息的格紋圖樣，
是英式的書卷代表，
是學院風女孩，青春洋溢的代號。

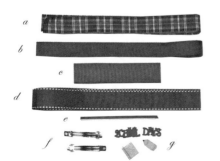

🕊 **緞帶與材料（一對）**

a　格子緞帶（薄）　25mm 寬 *45cm 長　2 條

b　特多龍素色織帶－酒紅色　22mm 寬 *45cm 長　2 條

c　特多龍素色織帶－墨綠色　25mm 寬 *10cm 長　2 條

d　特多龍素色跳線織帶－酒紅色　25mm 寬 *45cm 長　2 條

e　特多龍素色織帶－酒紅色　6mm 寬 *15cm 長　2 條

f　彈跳夾　5cm 長　2 個

g　飾品貼片　4 個

依**四耳蝴蝶結立體款作法**，先將兩
條酒紅色跳線織帶（材料 d）分別打
出兩朵四耳蝴蝶結，兩條墨綠色織帶
（材料 c）分別在左右端剪出**燕尾狀**
（一字燕尾結）。

Step2

格子緞帶（材料 a）在上，
酒紅織帶（材料 b）在下，
重疊一起，分別依**四耳蝴
蝶結立體款作法**打出兩朵
四耳蝴蝶結。

Step3

拿出針線，由下往上依序
（1～3）串起，並縫緊。

{
1：下層四耳蝴蝶結
2：中間燕尾裝飾帶
3：上層四耳蝴蝶結
}

6mm 寬的緞帶，直接黏上來裝飾中心，
不需打中心結，好方便再來貼片飾品的黏上

Step4

酒紅色織帶（材料 e），不用打中心結，
直接繞過蝴蝶結中心處到背面，以熱熔
膠黏緊。接著將彈跳夾（材料 f）放置
蝴蝶結背面，並用膠黏緊，再將多餘的
中心結緞帶剪掉。

Step5

將鉛筆、筆記本和 SCHOOL、DAYS
英文字樣的飾品貼片拿出（材料 f），
用熱熔膠分別黏在蝴蝶結的中間及
側邊。

Step6

雙層四耳蝴蝶作品「格子
物語‧學院風之戀」完
成。

花樣女孩

Part 3

89

碎花物語·紫玫瑰之戀

碎花物語
紫玫瑰之戀

紫玫瑰，

兒時漫畫裡男主角獻給女郎的神祕祝福。

紫玫瑰，

朵朵迷人的花語 —— 獨特、鍾情、珍貴，

讓人不戀上它的淡雅香氣也難。

It you are a delicate charming rose
The small grass which.
I am just setting off.
Hote that you don't have a nightmare again.

 緞帶與材料（一對）

a 荷葉緞帶－紫色　22mm 寬 *25cm 長　2 條
b 碎花特多龍花色織帶－白底紫玫瑰　25mm 寬 *45cm 長　2 條
c 波爾卡點特多龍織帶－黃底白點　25mm 寬 *10cm 長　2 條
d 特多龍素色織帶－深紫色　25mm 寬 *45cm 長　2 條
e 特多龍素色織帶－黃色　6mm 寬 *15cm 長　2 條
f 彈跳夾　5cm 長　2 個

Step 1

依**四耳蝴蝶結立體款作法**，先將兩條紫玫瑰花色織帶（材料 b）和兩條深紫色素色織帶（材料 d），分別打出四耳蝴蝶結。

Step 2

將兩條波爾卡點特多龍織帶黃底白點（材料 c）剪出**燕尾狀**（一字燕尾結），以及將黃色特多龍織帶（材料 e）打出兩個**中心結**。

Step 3

紫色荷葉緞帶（材料 a）依**單風車結作法**打出兩朵單風車結，並剪出燕尾狀。

Step 4

拿出針線，如圖示順序（1～4），由下層往上層將步驟 1～3 完成的蝴蝶結串起後，用線多繞幾圈後，在背後縫緊打結。

{
1：四耳蝴蝶結
2：燕尾裝飾帶
3：四耳蝴蝶結
4：單風車結
}

Step 5

用黃色中心結（材料 e、步驟 2）黏上中間打結處後，在背面黏上彈跳夾（材料 f）。

Step 6

雙層四耳立體蝴蝶結和**單風車結**的組合作品「碎花物語·紫玫瑰之戀」完成。

Part3

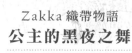

Zakka 織帶物語
公主的黑夜之舞

午夜十二點鐘聲，

即將響起，

星光點點的夜空下，

只見——

南瓜馬車正等候著，

那流連在宮殿裡的仙杜瑞拉……

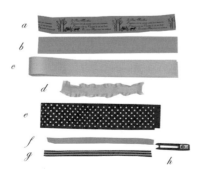

🕊 緞帶與材料（單個）

a　Zakka 馬車織帶 - 桃粉底　25mm 寬 *20cm 長　1 條
b　特多龍素色織帶 - 深粉紅色　25mm 寬 *20cm 長　1 條
c　特多龍素色織帶 - 亮粉紅色　25mm 寬 *45cm 長　1 條
d　美國荷葉緞帶 - 粉紅色　22mm 寬 *10cm 長　1 條
e　特多龍花色織帶 - 黑底白點　40mm 寬 *35cm 長　1 條
f　特多龍素色織帶 - 粉紅色　10mm 寬 *15cm 長　1 條
g　粉紅、咖啡條紋織帶　10mm 寬 *15cm 長　1 條
h　黑色烤漆 H 夾　5cm 長　1 個

依雙耳蝴蝶結作法，先將黑底白點織帶（材料 e）打出雙耳蝴蝶結。

接著，將亮粉紅色素色織帶（材料 c）打出**四耳蝴蝶結立體款**，粉紅色美國荷葉緞帶（材料 d）兩邊剪出**燕尾狀**，並將粉紅色素色織帶和粉紅咖啡條紋織帶（材料 f、g）重疊打出**中心結**。

將桃紅底 Zakka 馬車織帶和深粉紅素色織帶（材料 a、b）重疊依**單風車結作法**打出單風車結，但左右兩端不留剪燕尾狀，要讓風車結成一「扭 8」字結。

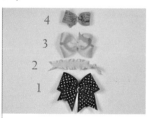

拿出針、線，如圖示順序（1～4），由下層往上層將步驟 1～3 完成的蝴蝶結串起。

再用線多繞幾圈後，在背面縫緊打結。用條紋中心結（材料 f、g，步驟 2）黏上中間打結處後，在背面黏上黑色烤漆 H 夾（材料 h）。

雙耳蝴蝶結、四耳蝴蝶結和**單風車結**的組合作品「Zakka 織帶物語・公主的黑夜之舞」完成。

花樣女孩

Part 3

捲捲精靈‧好美啊！阿勃勒

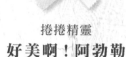

捲捲精靈

好美啊！阿勃勒

「阿勃勒」多麼奇特的名字，
南臺灣的仲夏 6 月，
隨處可見這金黃澄澄的城市精靈，
微風徐徐吹來，小小花瓣紛紛落下，
或飄或舞，好美啊！

花樣女孩

Part3

捲
捲
精
靈
・
好
美
啊
！
阿
勃
勒

Part3

100

🕊 **緞帶與材料（一對）**

a　特多龍素色織帶－藍色　25mm 寬 *45cm 長　2 條

b　特多龍水玉點織帶－藍底白水玉　12mm 寬 *27cm 長　2 條

c　特多龍水玉點織帶－綠底白水玉　12mm 寬 *27cm 長　2 條

d　特多龍素色捲捲緞帶－黃色　10mm 寬 *8cm 長　8 條

e　荷葉緞帶－蘋果綠色　22mm 寬 *10cm 長　6 條

f　特多龍素色織帶－白色　6mm 寬 *15cm 長　2 條

g　花色織帶－黃底白色十字紋　6mm 寬 *15cm 長　2 條

h　彈跳夾　5mm 寬　2 個

Step 1

依**四耳蝴蝶結立體款作法**，先將兩條素色織帶藍色（材料 a）分別打出兩個立體四耳蝴蝶結。

Step 2

將 6 條蘋果綠荷葉緞帶（材料 d）兩端修剪出燕尾，然後依**米字結作法**（參考附錄作法），將 6 條荷葉緞帶平分成各 3 條，做成兩個米字裝飾結。

Step 3

依**單風車結作法**將水玉點織帶（材料 b、c）分別打出單風車結，並修剪**燕尾**。藍底緞帶的單風車結燕尾方向，可以和綠底的單風車結燕尾方向相反。

Step 4

將 8 條做成的黃色捲捲緞帶（材料 e）平分成各 4 條，然後取捲捲緞帶的中心點依序交錯往上疊，拿出備好的針線縫好兩個捲捲結。

Step 5

將白色織帶（材料 f）和黃底白色十字紋織帶（材料 g）重疊後，依照**中心結作法**打出兩個中心結。

Step 6

拿出針線，依照步驟 5 圖片中的數字順序（1～5），由下層往上層將蝴蝶結串起，線繞數圈後拉緊整個蝴蝶結，接著再黏上已做好的中心結和彈跳夾（材料 f）。

Step 7

以捲捲緞帶為主體，結合**單風車結和四耳立體結**的組合作品「捲捲精靈・好美啊！阿勃勒」完成。

Part 3

捲捲精靈，好浪漫啊！女孩

Part3

捲捲精靈
好浪漫啊！女孩

蝴蝶結，是每個小女孩對美的夢想，
粉紅色系，更是所有女孩對夢幻的印記，
米白與粉紅，共舞出一場美麗又浪漫的盛宴。

花樣女孩

Part3

🕊 **緞帶與材料（單個）**

a　特多龍素色織帶 - 粉紅色　38mm 寬 *40cm 長　1 條
b　特多龍花色織帶 - 白底蝴蝶結圖案　25mm 寬 *40cm 長　1 條
c　特多龍素色織帶 - 淡粉紅　25mm 寬 *45cm 長　1 條
d　荷葉緞帶 - 米色　22mm 寬 *25cm 長　1 條
e　特多龍捲捲緞帶 - 四色　10mm 寬 *8cm 長　4 條
f　特多龍亮片織帶 - 粉紅色　6mm 寬 *15cm 長　1 條
g　粉紅烤漆 H 夾　5cm 長　1 個

先將粉紅織帶（材料 a）和花色織帶（材料 b）重疊，然後依**雙耳蝴蝶結的作法**打出一個雙耳蝴蝶結，並修剪兩端成燕尾狀。

將米色荷葉緞帶（材料 d）打出**單風車結**，並修剪出燕尾，將淡粉紅色織帶（材料 c）打出**四耳立體結**。

取 4 條捲捲緞帶（材料 e），如圖依中心點交錯方式往上疊，然後拿出針線縫好一個捲捲結。

拿出針線，依照圖上順序，由下層往上層（1～4）將蝴蝶結串起。

線繞數圈後拉緊整個蝴蝶結，讓蝴蝶結往中心集中。

將亮片織帶（材料 f）依照中心結作法，打出**中心結**。

以捲捲緞帶為主體，結合**單風車結**和**四耳立體結**的作品「捲捲精靈‧好浪漫啊！女孩」完成。

花樣女孩

Part 3

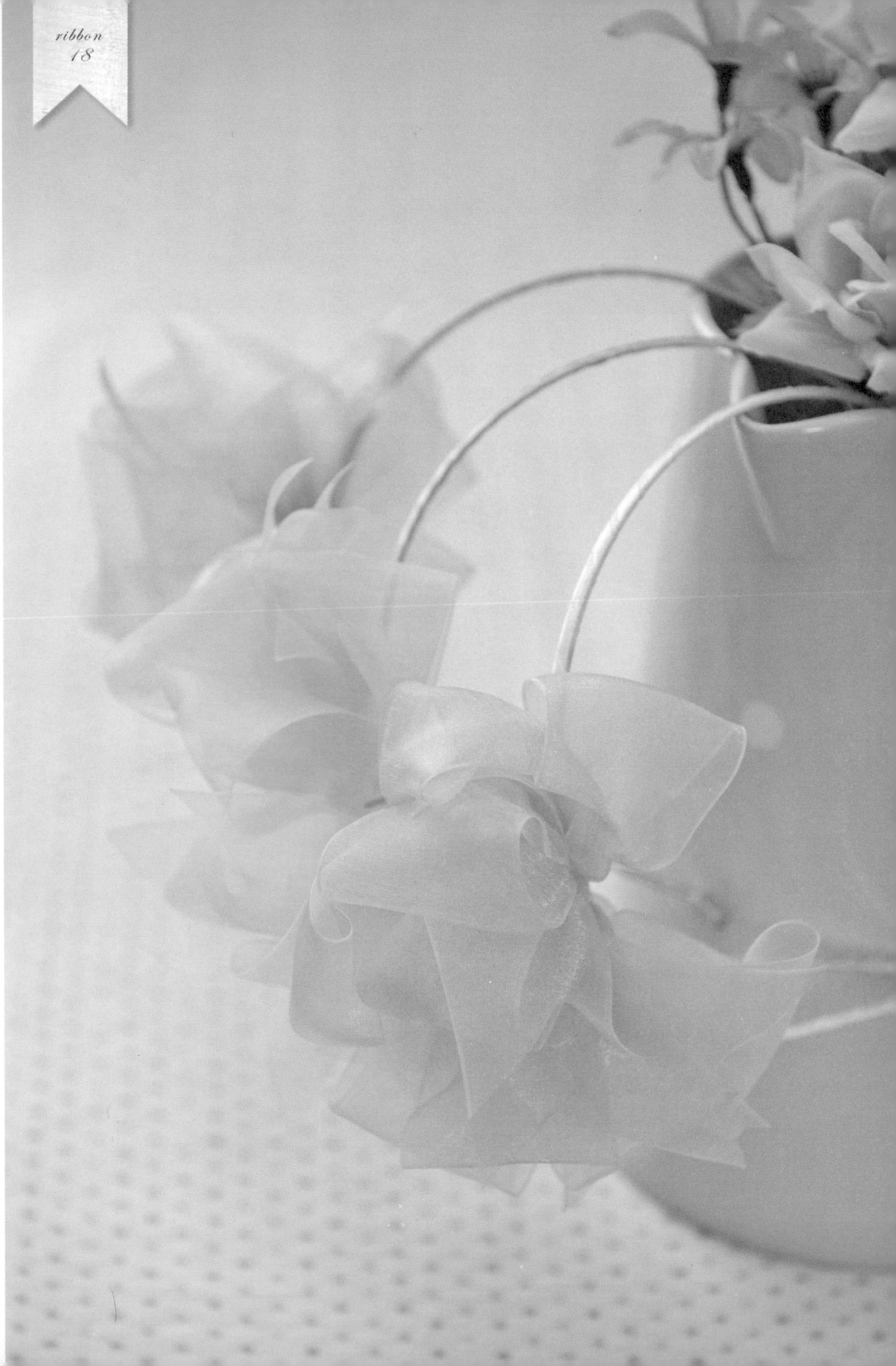

雪紗物語
精靈之舞

淡粉、淡藍、淡綠，
花瓣色的大地精靈，
為綠地捎來一股迷人的氣息。
為原野舞出一幅永恆的美麗。

 緞帶與材料（單個）

a　雪紗帶 - 湖水綠　38mm 寬 *170cm 長　1條

b　單面亮面緞帶 - 淡粉色　6mm 寬 *120cm 長　1條

c　鎳色髮箍　3mm 寬　1個

Step 1

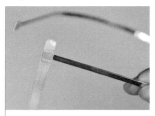

Step 2

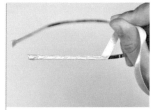

Step 3

先將淡粉紅緞帶（材料 b）剪下兩小條長 1cm 的緞帶，並在緞帶背面黏上 6mm 寬的布用雙面膠，包住鎳色髮箍（材料 c）的兩腳。

剩餘的淡粉色緞帶，任選一端，先將背面黏上雙面膠，黏在髮箍的一端下。

依髮箍包緞作法，以斜向的方式包緞，緞帶間要互相緊密，但不重疊，以增加包完緞後髮箍的平整度。

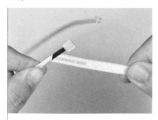

Step 4

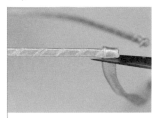

Step 5

Step 6

髮箍包緞到快收尾時，在淡粉色緞帶背面黏上約 2cm 長的 6mm 寬布用雙面膠。

再用小剪刀將多餘的淡粉色緞帶剪掉。剪掉的剩下部分，可用來製作之後所需的中心結。

將湖水綠雪紗帶（材料 a）分別剪成 65cm 長、45cm 長、45cm 長和 15cm 長四段。

花樣女孩

65cm 長的雪紗帶依**四耳立體蝴蝶結作法**，做成一個四耳蝴蝶結；45cm 長的雪紗帶依**雙耳蝴蝶結作法**，分別做出兩個雙耳蝴蝶結；15cm 長的雪紗帶依**燕尾狀作法**，兩端剪成燕尾狀。

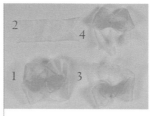

拿出針線，如圖示順序（1～4），由下層往上層將步驟 7 完成的蝴蝶結串起。圖中編號 3 的雙耳蝴蝶結的燕尾需朝上放置。

用針線由下往上依序串起蝴蝶結。

針線串起後，縫線繞整個蝴蝶結約 2～3 圈後，將針線拉緊，讓雪紗更加集中有挺度。

在背面進行打結收尾。

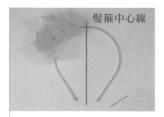

髮箍中心線

蝴蝶結放置在髮箍上方的位置，以放置側邊且不超過髮箍中心線為佳。

雪紗物語‧精靈之舞

Part 3

以針線將湖水綠雪紗蝴蝶結，和步驟 5 所完成的淡粉色包緞髮箍縫合。

拿步驟 5 所剩餘的淡粉色緞帶，依照**中心結作法**，打出中心結。

中心結繞過已縫好的雪紗蝴蝶結的中心處。

在髮箍內側手縫處，擠上熱熔膠。

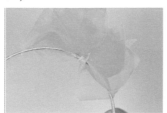

中心結的兩邊緞帶，黏在蝴蝶結和髮箍背面，最後再將多餘緞帶剪掉。**四耳立體蝴蝶結**作品「雪紗物語‧精靈之舞」完成。

花樣女孩

Part 3

111

雪紗物語・棉花糖之戀

Part3

雪紗物語
棉花糖之戀

棉花糖，忘不了的綿密與甜蜜，

那是我童年想望的味道，

也是現在我與小女孩串起美麗的滋味。

大花紫葳的圓球形木質蒴果，

是 Catty 小女孩在公園撿拾的美麗紀念，

說是要給媽媽的生日禮物……

好美的祝福，我緊緊記住，

成了家裡小小角落的擺飾。

今天，配上我與小女孩喜愛的棉花糖雪紗髮圈，

於是，窗外的綿綿細雨，串起了每一位棉花糖女孩的夢幻印記……

花樣女孩

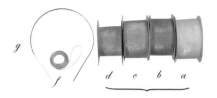

🕊 緞帶與材料（單個）

a	雪紗帶 - 純白	38mm 寬 *65cm 長	1 條
b	雪紗帶 - 淺紫	38mm 寬 *45cm 長	1 條
c	雪紗帶 - 水藍	38mm 寬 *45cm 長	1 條
d	雪紗帶 - 淡粉	38mm 寬 *45cm 長	1 條
e	雪紗帶 - 純白、淺紫、水藍、淡粉	38mm 寬 *13cm 長	各 1 條
f	雙面亮面緞帶 - 淡粉色	6mm 寬 *120cm 長	1 條
g	鎳色髮箍	3mm 寬	1 個

Step 1

將純白雪紗帶（材料 a）依**四耳立體蝴蝶結作法**，做成一個約 10 ～ 11cm 大的四耳蝴蝶結。

Step 2

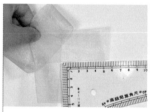

粉紅雪紗帶（材料 d）依**雙耳蝴蝶結作法**，做出一個雙耳蝴蝶結。

Step 3

依**燕尾狀作法**，將步驟 2 完成的粉紅雙耳蝴蝶結的兩端剪成燕尾狀。

Step 4

材料 b 與材料 c，一樣分別依步驟 2 和 3 完成淺紫和水藍的雙耳蝴蝶結。

Step 5

四色雪紗帶（材料 e）兩端分別修剪成燕尾狀。

Step 6

將修剪好的水藍、淡粉燕尾雪紗帶，以及純白、淺紫燕尾雪紗帶，雙雙排列成 X 狀。

雪紗物語 · 棉花糖之戀

Part 3

Step 7

將步驟 6 完成的左右兩邊 X 狀交錯重疊後，由右至左，**依米字結作法**（參考附錄作法），捏 3〜4 摺，並以 QQ 線繞緊。

Step 8

如圖示 1、2、3、4、5 排列。要注意圖中編號 4 的水藍雙耳蝴蝶結的燕尾要朝上。

Step 9

拿針線，依步驟 8 圖示由 1〜5，由下往上串起蝴蝶結。

Step 10

針線串起後，縫線繞整個蝴蝶結中心處約 2〜3 圈後，將針線拉緊，讓雪紗更加集中有挺度。

Step 11

鎳色髮箍（材料 g）和淡粉紅亮面緞帶（材料 f），**依髮箍包緞作法**，斜向包緞，緞帶之間互相緊密無間隙，但不重疊。

Step 12

以針線將四色雪紗蝴蝶結和步驟 11 所完成的淡紅色包緞髮箍縫合起來。

Step 13

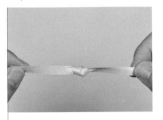

拿步驟 11 剩餘的亮面淡粉紅色緞帶，依照**中心結作法**，打出中心結。

Step 14

中心結繞過已縫好的雪紗蝴蝶結的中心處，並在背面以膠黏緊。

Step 15

四耳立體蝴蝶結作品「雪紗物語・棉花糖之戀」完成。

四耳蝴蝶結
扁平款
handmade

1

取一條約 50cm 的緞帶，左手按在緞帶約 1/3 處（即中心點），
分上（約 1/3 長）、下（約 2/3 長）兩部分。右手拿上半（1/3 長）部分的緞帶，
往下做出第一個耳狀，並留下約 5cm 左右長的緞帶。

2

右手拿下半（2/3 長）部分的緞帶，往上做出第二耳狀。

3

繞過中心點，右手用剩下的緞帶繼續往下做出第三耳狀。

4

接著，右手將剩下的緞帶往上，回到左手持續按住的中心處，
做出第四耳，並留約 5cm 左右長的緞帶。

5

做完四耳後，此時蝴蝶結背面的緞帶是交叉重疊的。

6

一（左）手固定緞帶一端，一（右）手自右邊往左，捏摺三或四摺後，左手捏緊。

7

一（左）手捏緊摺處，一（右）手拿 QQ 線纏繞數圈，以固定捏摺處。

8

用小剪刀分別剪兩端緞帶，一端緞帶對摺後，如圖剪下，打開即成燕尾狀。

9

往中心處，調整左右四耳大小及對稱，「四耳蝴蝶結扁平款」完成。

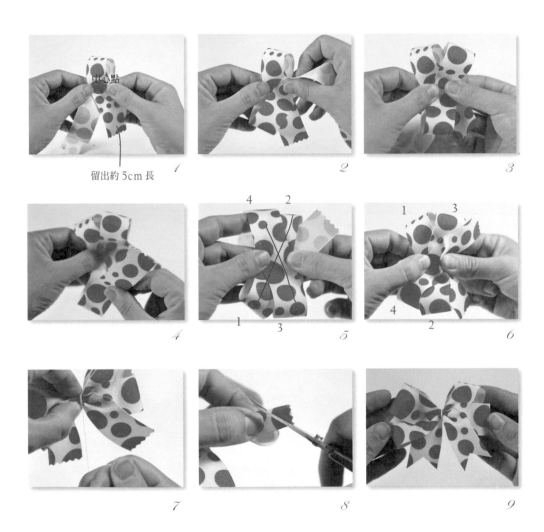

中心點

留出約5cm長

1

2

3

4

4　2

1　3

5

1　3

4

2

6

7

8

9

純色物語
鵝黃篇章

同樣的顏色基調，

不同的緞帶質地，

組合起，

單純卻有厚度的經典篇章。

a
b
c
d
e
f
g

h

🕊 **緞帶與材料（單個）**

a　荷葉緞帶－鵝黃色　22mm 寬 *25cm 長　1 條

b　雪紗帶－黃色　25mm 寬 *42cm 長　1 條

c　特多龍素色亮面織帶－黃色　25mm 寬 *42cm 長　1 條

d　特多龍素色織帶－鵝黃色　25mm 寬 *10cm 長　1 條

e　滾邊花色織帶－黃底白點水玉　25mm 寬 *55cm 長　1 條

f　特多龍素色織帶－鵝黃色　25mm 寬 *55cm 長　1 條

g　特多龍素色織帶－黃色　6mm 寬 *15cm 長　1 條

h　白色鬆緊繩　30cm　1 條 、 白色珍珠球　1 顆

Step 1

依**四耳蝴蝶結扁平款作法**，先將滾邊花色織帶（材料 e）和特多龍素色織帶（材料 f）重疊，打出四耳扁平蝴蝶結。

Step 2

將鵝黃色特多龍素色織帶（材料 d）剪出**燕尾狀**，亮面黃色特多龍織帶（材料 c）以及黃色雪紗帶（材料 b）依**四耳立體結作法**打出四耳立體結各 1 個。鵝黃色荷葉緞帶（材料 a）依**單風車結作法**打出單風車結，並剪出燕尾。最後，將黃色特多龍織帶（材料 g）打出**中心結**。

Step3

拿出針線，依照步驟 2 中圖片內數字順序，由下層往上層（1～5 依序）將蝴蝶結串起。

Step4

用線多繞幾圈並綁緊後，在背後縫緊打結。

Step5

將已先穿好珍珠球的白色鬆緊繩（材料 h）放在蝴蝶結背面，用針線將鬆緊繩和蝴蝶結縫緊。

Step6

將中心結繞過蝴蝶結中心處。

Step7

繞過蝴蝶結中心處的中心結，在蝴蝶結背面用熱熔膠黏起。

Step8

以**四耳扁平蝴蝶結**為基礎，結合**四耳立體結**和**單風車結**的組合作品「純色物語・鵝黃篇章」完成。

花樣女孩

Part3

甜蜜物語
午茶篇章

鮮黃緞帶，如布丁蛋糕般可人，
蕾絲如鮮奶油般綴飾其間，
小小女廚鏗鏘鏗鏘地打著汁液，
公主專屬的午茶盛宴即將開始 ——

花樣女孩

Part3

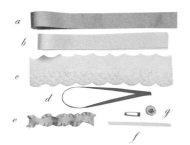

🕊 **緞帶與材料（單個）**

a　特多龍素色亮面織帶 – 灰色　25mm 寬 *55cm 長　1 條
b　特多龍素色亮面織帶 – 黃色　25mm 寬 *45cm 長　1 條
c　白色蕾絲帶　40mm 寬 *25cm 長　1 條
d　特多龍素色織帶 – 桃粉紅色　6mm 寬 *32cm 長　1 條
e　荷葉緞帶 – 灰色　22mm 寬 *10cm 長　1 條
f　特多龍素色織帶 – 白色　6mm 寬 *10cm 長　1 條
g　別針　1 個 、　蛋糕貼飾　1 個

依**四耳蝴蝶結扁平款作
法**，先將素色亮面織帶灰
色（材料 a）打出扁平四
耳蝴蝶結，以及素色亮面
織帶黃色（材料 b） 打
出**四耳立體結**，和將灰色
荷葉緞帶（材料 e）修剪
出**燕尾裝飾結**。

將白色蕾絲中無花樣邊
的部分向後摺，摺成約
25mm 寬的蕾絲，然後
拿出針線作平針縫（縮
縫）。

將整條蕾絲縫平針縮縫好
後，用力拉緊線，讓蕾絲
帶成呈一個 **YOYO 圈狀**
（參考附錄作法 -YOYO
蕾絲圈作法）。

依**雙風車結作法**（參考附
錄作法），將桃粉紅素色
織帶（材料 d）打出一個
雙風車結。

將已做好桃紅色雙風車結
放在白色蕾絲圈上，並用
針線緊縫。

拿出針線，依照步驟 1 中圖
片內數字順序（1～3），
由下層往上層將蝴蝶結串
起。

平面中心結（材料 f）繞
過蝴蝶結中心處，用熱熔
膠將中心結黏上，蝴蝶結
背面放上別針。

將蛋糕貼飾黏貼在步驟 5
已完成蕾絲圈上，再將整
個蕾絲圈黏在做好的蝴蝶
結上。

以**四耳扁平蝴蝶結**為基
礎，結合**四耳立體結、蕾
絲帶 YOYO 和雙風車結**
的組合作品「甜蜜物語・
午茶篇章」完成。

花樣女孩

花童物語・浪漫篇章

花童物語
浪漫篇章

戴著波浪髮箍的女孩，
輕輕巧巧輕輕，
如美麗天使般，
為大地灑下幸福的魔法金粉，
為人兒送來浪漫的迷人樂章。

花樣女孩

Part 3

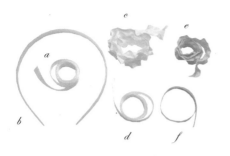

 緞帶與材料（一組）

a 　單面亮面緞帶－白色　10mm 寬 *120cm 長　1 條
b 　平面無齒髮箍　10mm 寬　1 個
c 　荷葉緞帶－白色　22mm 寬 *40cm 長　5 條
d 　雙面亮面緞帶－白色　10mm 寬 *45cm 長　5 條
e 　荷葉緞帶－粉紅色　22mm 寬 *25cm 長　5 條
f 　單面亮面緞帶－粉紅色　6mm 寬 *20cm 長　5 條

Step 1

先拿白色亮面緞帶（材料 a）
將平面無齒髮箍（材料 b）
進行包緞（參考附綠作
法）。

Step 2

將 5 條白色荷葉緞帶（材
料 c），依**立體款四耳蝴蝶
結作法**，依序打成 5 個約
6cm 大小的立體四耳蝴蝶
結，並且將尾處修剪成燕
尾狀。

Step 3

將 5 條白色亮面緞帶（材
料 d），依**扁平款四耳蝴蝶
結作法**，依序打成 5 個約
6cm 大小的扁平款四耳蝴
蝶結，並且將兩端尾處修
剪成平狀。

Step 4

將 5 條粉紅色荷葉緞帶
（材料 e），依**單風車結作
法**，依序打出 5 個單風車
蝴蝶結，並且將兩端尾處
修剪成燕尾狀。

Step 5

將步驟 2、3、4 完成的蝴
蝶結，如圖排列好並準備
好針線。

Step 6

如圖，按照 1、2、3 順序，
由下層往上層，一一用針
線串起並縫緊。

Step 7

依照步驟 6 作法，將步驟 5 的所有蝴蝶結，分別縫好成 5 個美式**蝴蝶結**。

Step 8

拿出步驟 1 完成的白色包緞髮箍，和步驟 7 完成的 5 個美式蝴蝶結，如圖排列，並按照圖中 1、2、3、4、5 的標示位置，將蝴蝶結和髮箍縫牢（可參考**雪紗物語作法**）或用熱熔膠黏好。

Step 9

5 條粉紅緞帶（材料 f）不用打中心結，直接繞過髮箍中心處。

Step 10

在髮箍內側以重複打兩次活結（即打死結），將緞帶打緊。

Step 11

如圖綁完之後內側粉紅緞帶的樣子。

Step 12

內側多餘的粉紅緞帶部分，可用剪刀修短一點。

Step 13

四耳扁平款蝴蝶結組合作品「花童物語・浪漫篇章」完成。

Part4

髪舞精靈

雙 8 字結
handmade

雙 8 字結，一般用 1cm 或 6mm 寬的緞帶，因做出的形狀像畫兩個 8 字，
故取名為「雙 8 字結」，雙 8 字結可以用來增加蝴蝶結的裝飾性與豐富度。

1

取一條約 50cm 的 1cm 緞帶，
先往右（順時鐘方向）做好一個圈狀，緞帶重疊處成垂直狀。

2

如圖，順著緞帶，緞帶圖案都朝外，往左逆時鐘方向，
做出第二個圈狀，緞帶重疊處一樣成垂直狀。

3

接著，繼續往右（順時鐘方向）做好第三個圈狀。

4

最後，將剩餘的緞帶往左（逆時鐘方向）做出第四個圈狀，
所有緞帶重疊處都成垂直狀，才可以保持雙 8 字結的包覆性。

5

一手捏緊中心重疊處，一手用針線上下出入針縫緊。
小提醒：針線必須在做雙 8 字結前便準備好。

6

「雙 8 字結」完成。

往右，逆時鐘方向

垂直狀

1

往左，逆時鐘方向，
正面圖樣都朝外

2

往右，順時鐘方向

3

往左，逆時鐘方向

4

5

6

春之小確幸・甜蜜的紀念

Part4

春之小確幸
甜蜜的紀念

慶祝結婚 9 周年的餐桌上，
小小一杯雞尾酒，竟自成了一幅春天的幸福畫。

美麗淡粉紅色汁液裡，飄著兩球浪漫紫色的冰磚，
一朵法國乾燥玫瑰點綴在旁，
法國玫瑰的淡淡香氣滿足了這小小的幸福。

蝴蝶結手作靈感，隨著這浪漫甜蜜的紀念時刻，
悄悄在心裡編織了下來，

我的春之小確幸，
雖然微小而確實的幸福，
獻給所有迎接幸福春天的大家。

髮舞精靈

Part4

🕊 **緞帶與材料（單個）**

a　特多龍跳線織帶－淡紫色　25mm 寬 *40cm 長　1 條
b　特多龍素色織帶－粉紅色　25mm 寬 *42cm 長　1 條
c　特多龍素色織帶－淡粉紅色　6mm 寬 *42cm 長　1 條
d　特多龍素色織帶－湖水綠色　6mm 寬 *22cm 長　1 條
e　蕾絲棉織帶－白色　15mm 寬 *20cm 長　1 條
f　特多龍素色織帶－淡粉紅色　6mm 寬 *10cm 長　1 條
g　特多龍素色織帶－淡粉紅色　10mm 寬 *13cm 長　1 條
h　粉紅蕾絲花片、桃紅色樹脂玫瑰、白色珍珠、霧面珠子　各 1 個
i　粉紅烤漆 H 夾　5cm 長　1 個 、 淡粉紅止滑片　1 片

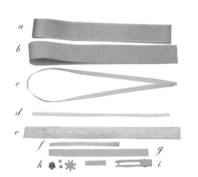

Step 1

將淡紫色跳線織帶（材料 a）
和粉紅色織帶（材料 b），
分別依**四耳蝴蝶結作法**，打
出兩個四耳蝴蝶結。

Step 2

淡粉紅色織帶（材料 c）
依**雙 8 字結作法**縫出 1 朵
雙 8 字結。

Step 3

反摺 1cm 到背面

背面起針
正面出針

白蕾絲棉織帶（材料 e）
右端先反摺約 1cm 到背
面，然後拿出針線，從背
面起針、正面出針。

Step 4

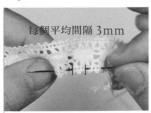

每個平均間隔 3mm

從正面開始，依平針縫法，入針、出針平均間隔約 0.3～0.5cm。

Step 5

最後縮縫拉出一朵蕾絲花（參考附錄作法 -**YOYO 蕾絲圈**）。

Step 6

拿出湖水綠素色織帶（材料 d），打出一個**裙帶蝴蝶結**（參考附錄作法），並從外側向內側，斜 45 度修剪兩邊尾端。

Step 7

自此結內層出入針以免露出縫線

將步驟 6 完成的湖水綠蝴蝶結，放在步驟 5 完成的蕾絲花上面，拿出針線自蕾絲花背面起針，再從湖水綠蝴蝶結的中心結內層出針、入針。接著也依序將樹脂玫瑰、粉紅蕾絲花片、白色珍珠、霧面珠子（材料 h）一一縫上。

Step 8

拿出針線，將步驟1、步驟 2 完成的結，如圖依序（1～3）串起縫緊，並將淡粉紅色織帶（材料 f）直接繞過中心縫線處，並在背面用熱熔膠黏緊。

Step 9

將步驟 7 完成的蕾絲花，用熱熔膠黏在蝴蝶結中心處，以及將事先包好緞（半包緞）的 H 夾（材料 g、i）拿出，準備黏在蝴蝶結背面。

Step 10

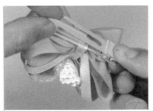

將包好緞的 H 夾黏在蝴蝶結背面，並將多餘的淡粉紅緞帶繞過 H 夾內層，再用膠合緞帶。最後，再將粉紅止滑片放進 H 夾（材料 i）內側。

Step 11

中型款**四耳蝴蝶結**和雙 **8 字結**、裙帶蝴蝶結組合作品「春之小確幸·甜蜜的紀念」完成。

髮舞精靈

Part4

夏之小確幸・雨後蛙鳴曲

夏之小確幸
雨後蛙鳴曲

夏天午後,雷雨起、雷雨停,

蓮池荷葉上,蓮花初綻,

蛙兒齊鳴,嘓嘓嘓~嘓嘓嘓!

我的好朋友啊!

怎麼,你還沒來呢?

我們不是約好要一起去雨後的花園探險嗎?

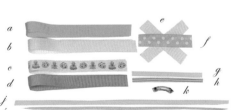

a
b
c
d
e
f
g
h
i
j
k

 緞帶與材料（單個）

a　特多龍素色織帶 - 水藍色　25mm 寬 *45cm 長　1 條
b　特多龍素色織帶 - 白色　25mm 寬 *45cm 長　1 條
c　特多龍花色織帶 - 白底青蛙圖　25mm 寬 *42cm 長　1 條
d　特多龍素色織帶 - 粉紅色　25mm 寬 *42cm 長　1 條
e　特多龍素色織帶 - 白色　25mm 寬 *10cm 長　2 條
f　特多龍花色織帶 - 藍底白點　25mm 寬 *10cm 長　1 條
g　特多龍素色織帶 - 湖水綠色　10mm 寬 *15cm 長　1 條
h　特多龍花色織帶 - 白底粉紅條紋　10mm 寬 *15cm 長　1 條
i　特多龍素色織帶 - 湖水綠色　10mm 寬 *45cm 長　1 條
j　特多龍素色織帶 - 淡粉紅色　6mm 寬 *45cm 長　1 條
k　彈跳夾　5cm 長　1 個

Step 1

多餘的緞帶可斜 45 度
修剪或剪燕尾狀

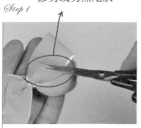

水藍色特多龍織帶在上
（材料 a）和白色織帶在
下（材料 b）重疊，依**四
耳蝴蝶結立體款作法**，打
出一個雙層四耳蝴蝶結。

Step 2

顧及圖樣的完整性
此處尾端只修剪平整

白底青蛙圖案織帶在上
（材料 c）和粉紅色織
帶在下（材料 d）重疊，
如步驟 1，也打出一個
雙層四耳蝴蝶結。

Step 3

在雙 8 字結中心重疊處：
1 出針 2 入針 3 出針 4 入針
縫線會呈 X 狀

湖水綠素色織帶在下（材料 i）和淡粉色素色
織帶在上（材料 j）重疊，依**雙 8 字結作法**打
出一朵雙 8 字結。不繞 QQ 線，用針線直接
自雙 8 字結重疊中心處，由背面起針，往前
出針處 1 後，在對角處 2 入針，接著自 3 出針，
最後 4 入針後，在背面打結。

Step 4

將白色織帶和藍底白點織帶（材料
e、f）依**米字結作法**，作出一個米字
結；將湖水綠織帶在下和白底粉紅
條紋織帶在上重疊（材料 g、h），依
中心結作法，打出一個中心結。

Step 5

將步驟 1～4 分別打好的
所有結，如圖排列下一步
驟即將由下往上重疊的順
序。

Step 6

拿出針、線，如步驟 5 圖示
1～4 順序，由下層往上層
將蝴蝶結一一串起，用線多
繞整個蝴蝶結幾圈後，在背
面縫緊打結。

Step 7

目測修剪米字結燕尾狀
並留意剪後的對稱性

將中心結緞帶，繞過整個已縫緊的蝴蝶
結中心處，並在背後用熱熔膠黏緊，黏
上彈跳夾（材料 k）。最後，修剪步驟 4
中尚未修剪的米字結燕尾狀。

Step 8

大型款**四耳立體蝴蝶結**和
雙 8 字結的組合作品「夏
之小確幸·雨後蛙鳴曲」
完成。

髮舞精靈

Part4

141

秋之小確幸．秋天的咖啡慶典

Part4

秋之小確幸
秋天的咖啡慶典

驚瞥窗外那剛被吹落的葉子，

原來，

初秋的訊息已捎來。

坐落城市的我們，

或許，

泡杯自己愛喝的咖啡，

孩子們愛喝的熱可可，

一起，

想像著 ——

那黃色的、橙色的、紅色的森林裡，

片片落葉如精靈般，

繽紛著，舞耀著，

一場熱鬧的豐收慶典即將秘密展開……

Part4

a
b
c
d
e
f
g
h
i j
k

緞帶與材料（單個）

a　特多龍素色織帶–深咖啡色　38mm 寬 *38cm 長　1 條
b　特多龍素色織帶–彩色波爾卡點　25mm 寬 *42cm 長　1 條
c　特多龍花色織帶–桃紅色波爾卡點　25mm 寬 *45cm 長　1 條
d　特多龍跳線織帶–黃白相間　10mm 寬 *50cm 長　1 條
e　特多龍素色織帶–銘黃色　10mm 寬 *50cm 長　1 條
f　特多龍條紋織帶–綠白條紋　10mm 寬 *50cm 長　1 條
g　荷葉緞帶 –桃紅色　22mm 寬 *25cm 長　1 條
h　特多龍花色織帶–淡粉紅大波爾卡點　38mm 寬 *10cm 長　1 條
i　亮面水玉緞帶–桃紅色綠點　3mm 寬 *15cm 長　1 條
j　特多龍素色織帶–深咖啡色　6mm 寬 *15cm 長　1 條
k　黑色烤漆 H 夾　5cm 長　1 個 、　桃紅止滑片　1 片

將深咖啡色素色織帶（材料 a）和彩色波爾卡點織帶（材料 b）重疊，依**雙耳蝴蝶結作法**，打出一個雙層雙耳蝴蝶結，如圖中（1）。桃紅色波爾卡點織帶（材料 c）依**四耳蝴蝶結立體款作法**，打出一個四耳蝴蝶結，如圖中（2）。淡粉紅大波爾卡點織帶（材料 h）兩端剪燕尾狀，做裝飾帶用，如圖中（3）。

將桃紅色荷葉緞帶（材料 g）依**單風車結作法**，打出一個單風車結，如圖中（1）。銘黃色素色織帶（材料 e）和黃白相間跳線織帶（材料 d）重疊，依**雙 8 字結作法**，縫出一個雙 8 字結，如圖中（2）。綠白條紋織帶（材料 f）依**雙 8 字結作法**，縫出一個雙 8 字結，如圖中（3）。

深咖啡素色織帶（材料 j）和桃紅色綠點的亮面緞帶（材料 i）重疊，依**中心結作法**，打出中心結。

將步驟 1～3 分別打好的所有結，如圖排列成下一步驟即將由下往上串疊的順序。

拿出針線，如步驟 4 圖示 1～6 順序，由下往上層將蝴蝶結一一串起後。用針線像繞 QQ 線般，多繞整個蝴蝶結幾圈後，將線拉緊，讓整個蝴蝶結紮實，接著在背面縫緊打結。

將中心結緞帶，繞過整個已縫緊的蝴蝶結中心處，並在背面用熱熔膠黏緊，黏上黑色烤漆 H 夾（材料 k）後，再黏上止滑片（材料 k）。

大型款**雙耳蝴蝶結**和**四耳立體蝴蝶結**、**雙 8 字結**的組合作品「秋之小確幸‧秋天的咖啡慶典」完成。

髮舞精靈

Part4

冬之小確幸·鋼琴鍵上的黑白舞曲

冬之小確幸
鋼琴鍵上的黑白舞曲

當大地悄悄被冰雪覆蓋，
指尖被屋內那暖烘的火爐溫熱了起來，
於是，
在琴鍵上滑動著，舞躍著，
柔和的曲調流瀉整個屋內，
為冰雪大地傳遞上陣陣的 ──
愛的溫暖。

a
b
c
d
e
f
g
h

🕊 **緞帶與材料（單個）**

a　特多龍花色織帶 - 白底黑條紋　40mm 寬 *38cm 長　1 條

b　特多龍素色織帶 - 白色　40mm 寬 *38cm 長　1 條

c　特多龍花色織帶 - 白底黑點水玉　40mm 寬 *38cm 長　1 條

d　雪紗帶 - 透明底黑點水玉　25mm 寬 *40cm 長　1 條

e　荷葉邊緞帶 - 白色　22mm 寬 *25cm 長　1 條

f　特多龍花色織帶 - 白底黑條紋　10mm 寬 *45cm 長　1 條

g　特多龍花色織帶 - 白底黑邊條紋　10mm 寬 *10cm 長　1 條

h　彈跳夾　5cm 長　、　鋼琴貼飾　各 1 個

Step 1

將白底黑條紋織帶（材料 a）和白色織帶（材料 b）重疊，依**雙耳蝴蝶結作法**，打出一個雙耳蝴蝶結。由於緞帶是 40mm 寬的織帶，所以打雙耳結時，可以如圖捏出三摺，讓蝴蝶結更緊實。

Step 2

白底黑點水玉織帶（材料 c）如步驟 1，也打出一個雙耳蝴蝶結，並將步驟 1、2 已打好的雙耳蝴蝶結的尾端正面相對摺，如圖，從對摺線處斜 45 度向另一角剪出燕尾狀。

Step 3

白底黑條紋織帶（材料 f）依**雙 8 字結作法**打出 1 朵雙 8 字結。不繞 QQ 線，拿針線直接自雙 8 字結中心處，由背面往前出針後，來回出入針縫兩三回後，在背面打結。

兩邊尾端修剪燕尾狀

Step 4

將白色荷葉邊緞帶（材料 e）依**單風車結作法**，打出一個單風車結；將透明底黑點雪紗帶（材料 d），依**四耳蝴蝶結作法**，打出一個四耳蝴蝶結。以及，白底黑邊條紋織帶（材料 g）不打中心結，直接保留原緞帶作**平面中心結**。

Step 5

將步驟 1～4 分別打好的所有結（5 個），如圖依 1～5 的順序排列。

Step 6

拿出針線，如步驟 5 圖示 1～5 順序，由下層往上層將蝴蝶結一一串起後，用線多繞幾圈後，在背後縫緊打結。

Step 7

將步驟 4 中平面中心結緞帶，直接繞過整個已縫緊的蝴蝶結中心處，並在背後用熱熔膠黏緊，並黏上彈跳夾（材料 h）以及剪掉多餘的緞帶。

Step 8

將鋼琴貼飾（材料 h），用熱熔膠黏在蝴蝶結中心處。大型款**雙耳蝴蝶結**和**雙 8 字結、四耳蝴蝶結**的組合作品「冬之小確幸・鋼琴鍵上的黑白舞曲」完成。

緞帶玫瑰花
handmade

1

取一條 25mm 寬 30cm 長的緞帶，自緞帶右上角，如圖，往對角處摺，成三角形。

2

步驟 1 圖中的 A 點往左摺向 B 點。

3

步驟 2 圖中的 C 點往左摺向 AB 重疊處，拿針線自背面起針，正面出針。

4

正面出針後，距離旁邊約 1 ～ 2mm 處再入針到背後。

5

再次自背面起針，然後正面出針。

6

接著步驟 5 動作，針線開始往左方緞帶的下緣處（離緞帶邊約 0.2 公分處），
進行平針縫（縮縫）。

7

平針縫的間距不需要每一間距都等長，一般來說，可以先作三個大小約 7 ～ 8mm 間距，
然後第四個間距作大一點，約 12 ～ 14mm，並持續如此循環到結尾。

8

距離快結尾的 4 ～ 5 公分緞帶，如圖，捲成一個圈狀。

9

繼續平針縫到尾端結束。

1

A
B

AB
C

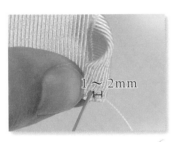

ABC
背後起針
正面出針

3

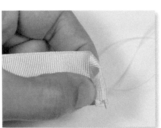

1～2mm

4

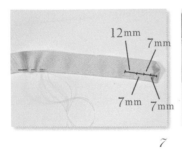

5

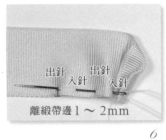

出針　出針
入針　　　入針
離緞帶邊1～2mm

6

12mm
7mm
7mm　7mm

7

8

9

10

拉緊縫線，讓緞帶緊縮一團。

11

接著，將緊縮的緞帶弄鬆，呈現如圖不規則波浪狀捲度，
注意，此時緞帶尾端的針線尚未打結收針。

12

自右邊花心處，順著不規則波浪狀開始往左捲緞帶。

13

左手捏住緞帶縫線下緣處，右手持續捲著緞帶到結尾。

14

捲完的緞帶玫瑰花，確定下緣處成平整狀後，將針線拉緊，繞下緣處 2 ～ 3 圈。

15

在緞帶花下緣處，針如圖，自一端穿過緞帶的另一端花心下緣處。

16

為確定緞帶花確實被縫牢，可以多穿過花心幾針，若針難以穿過緞帶花，
可以如圖用平口鉗夾，比較好操作出針。

17

在一端側邊處打結收針。

18

「緞帶玫瑰花」完成。

10

11

花心

12

13

捲完之後，再拉緊整朵花 14

穿過花心

15

16

17

18

玫瑰園
小王子的玫瑰之戀

因為愛，

B-612 行星上唯一且驕傲的玫瑰，

成了小王子心裡最甜蜜的負擔。

因為愛，

B-612 行星上驕傲且唯一的玫瑰，

願意佯裝堅強，讓小王子展開宇宙之旅。

因為愛，

當回首過往，

會發現，

曾經用心的付出，

將成為現在最美的真諦。

髮舞精靈

 緞帶與材料（兩個）

a 特多龍素色亮面織帶 - 蜜桃色　25mm 寬 *30cm 長　2 條

b 特多龍素色捲捲條織帶 - 綠色　10mm 寬 *7cm 長　2 條

c 特多龍素色織帶 - 綠色　10mm 寬 *7cm 長　2 條

d 小熊木扣　2 個

e 粉紅色鬆緊繩　2mm 寬 *30cm 長　2 條

兩條蜜桃色亮面織帶（材料 a）依**緞帶玫瑰花作法**，捲成花心後，做不規則縮縫。

將縮縫後又鬆開的不規則波浪狀緞帶，捲成玫瑰花。

用錐子在木扣（材料 d）的洞口搓幾下，讓洞口大一些，以便穿過鬆緊繩。

Step 4   Step 5   Step 6

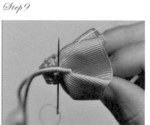

將鬆緊繩（材料 e）穿過小洞口（參考附錄作法），將粉紅色鬆緊繩穿過木扣。

鬆緊繩的一端放在捲好且縫緊的玫瑰花側邊，拿出針線先在緞帶玫瑰花側邊起針、出針一次。

針線繞過鬆緊繩並縫緊。

Step 7   Step 8   Step 9

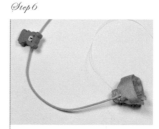

針線需穿過鬆緊繩口徑 1～2 次，再縫緊。

另一端鬆緊繩放在玫瑰花另一面的側邊位置上，如步驟 5～7 進行縫合動作。

同樣要將針線穿過鬆緊繩口徑 1～2 次，再縫緊。

Step 10   Step 11   Step 12

綠色特多龍織帶（材料 c）塗上膠，繞著玫瑰花底部花座黏合，以遮住縫線部分。

塗上一圈熱熔膠在綠色多龍織帶上後，將整條綠色捲捲條織帶（材料 b），沿著花座黏合。

緞帶玫瑰花作品「玫瑰園·小王子的玫瑰之戀」完成。

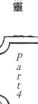

髮舞精靈

Part4

玫瑰園・雙玫瑰舞曲

玫瑰園
雙玫瑰舞曲

玫瑰！玫瑰！
你那長刺的花莖外表，
是多麼強烈！

玫瑰！玫瑰！
你那淡雅的花香，
怎能如此迷人！

對比卻不衝突的濃淡相成，
舞出一支支動人的舞碼！

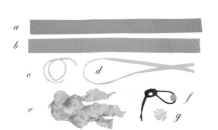

緞帶與材料（一個）

a　特多龍素色織帶－淺紫色　25mm 寬 *30cm 長　1 條
b　特多龍素色織帶－粉橘色　25mm 寬 *30cm 長　1 條
c　連珠線－透明　1mm 寬 *25cm 長　1 條
d　特多龍素色織帶－蘋果綠色　6mm 寬 *38cm 長　1 條
e　荷葉邊緞帶－淡粉紅色　22mm 寬 *25cm 長　2 條
f　鬆緊繩－深咖啡色　2mm 寬 *30cm 長　1 條、蘋果綠檔珠　1 個
g　白色蕾絲花片　直徑 2cm 長　1 片

Step 1

分別將淺紫色織帶（材料 a）和粉橘色織帶（材料 b），依照**緞帶玫瑰花作法**，做出玫瑰花。

Step 2

將蘋果綠色織帶（材料 d），依照**雙風車結作法**，打出一個雙風車結。

Step 3

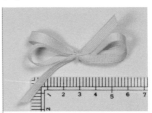

蘋果綠雙風車結繞完 QQ 線後，大小約 6 公分長。

Step 4

透明連線珠（材料 c），依照**單風車結作法**，打出一個大小約 6 cm 長的單風車結。

左右來回出入針 2 ～ 3 針，以固定 V 形

Step 5

拿起針線起針、入針來回 1 ～ 2 次緊縫，完成步驟 3 的蘋果綠雙風車結。

Step 6

將蘋果綠雙風車結，其中一半（右半）往上摺，摺成 V 字形，用針線在 QQ 線打結處左右來回縫，以固定 V 字形狀。

玫瑰園 · 雙玫瑰舞曲

Part4

Step 7

將完成的 V 形結和粉橘色
玫瑰花結合。

Step 8

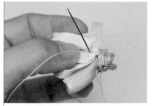

用針線來回縫，將步驟 7
兩者縫合。

Step 9

接著放上步驟 4 完成的連線
珠單風車結，以針線縫牢。

Step 10

再放上紫色玫瑰花，並用
針線將兩朵玫瑰花緊縫。
兩朵玫瑰花另一側邊，一
樣必須縫牢。

Step 11

雙玫瑰花組合完成。

Step 12

兩條淡粉紅色荷葉邊緞帶（材
料 e），依照**單風車結作法**，分
別打出單風車結，並將尾端剪
成**燕尾狀**。

Step 13

步驟 12 完成的兩個單風
車結，交錯重疊，針線起
針、入針來回 2 ～ 3 次緊
縫。

Step 14

在組合的淡粉紅單風車結背後，
放上已串好蘋果綠檔珠的鬆緊繩
（材料 f），針線來回縫牢。針線
一樣必須穿過鬆緊繩 1 ～ 2 次再
緊縫。

Step 15

在正面塗上約 10
元銅板大小的熱熔
膠。

Step 16

與步驟 12 完成的雙玫瑰
花組合黏緊。

Step 17

在髮飾背後，塗上 10 元硬
幣大小的熱熔膠後，放上白
色蕾絲花片（材料 g）。

Step 18

緞帶玫瑰花作品「玫瑰
園・雙玫瑰舞曲」完成。

附錄

單風車結
handmade

中心點

1

往下做出一個耳狀

中心點

2

中心點

往上做另一個耳狀

3

依中心點由右往左擠

中心點

4

5

燕尾狀

6

7

Step 1 ：取一緞帶，左手按在緞帶的中心點，將緞帶分為上、下兩半。

Step 2 ：右手將上半緞帶往下做出一個耳狀。

Step 3 ：右手按住剛剛的耳狀及中心點，左手將下半緞帶往上做出另一個耳狀。

Step 4 ：一（左）手固定緞帶一端，一（右）手自右邊往左，捏摺三折後，左手捏緊。

Step 5 ：一（左）手捏緊摺處，一（右）手拿 QQ 線纏繞數圈，以固定捏摺處。

Step 6 ：拿小剪刀修剪緞帶兩端，成燕尾形。

Step 7 ：調整左右兩耳大小及對稱，呈「S 字形」狀，「單風車結」完成。

雙風車結
handmade

往下做出第一個耳狀
1/4 處
1

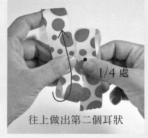
1/4 處
往上做出第二個耳狀
2

往下做出第三個耳狀
往下做出第四個耳狀
3

4

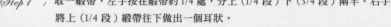

5

6

3耳
4耳
1耳
2耳
7

Step 1 ： 取一緞帶，左手按在緞帶約1/4處，分上（1/4段）下（3/4段）兩半。右手將上（1/4段）緞帶往下做出一個耳狀。

Step 2 ： 右手按住剛剛的耳狀及1/4處，左手將下半（3/4段）緞帶往上做出第二耳。

Step 3 ： 做完第二耳，緊接著再由上往下作出第三個耳狀、再由下往上作出第四耳。

Step 4 ： 一（左）手固定緞帶一端，一（右）手自右往左捏摺三或四摺後，左手捏緊。

Step 5 ： 一（左）手捏緊摺處，一（右）手拿QQ線纏繞數圈，以固定捏摺處。

Step 6 ： 拿小剪刀修剪緞帶兩端，成燕尾形。

Step 7 ： 調整左右四耳大小及對稱，呈「雙S字形」，「雙風車結」完成。

米字結
handmade

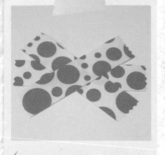

Step 1 ： 取三條各約 10cm 的緞帶，排成米字狀。

Step 2 ： 將已重疊好的米字緞帶直立拿起。

Step 3 ： 一（左）手固定緞帶一端，一（右）手自右邊往左，捏摺三或四摺後，左手捏緊。

Step 4 ： 一（左）手捏緊摺處，一（右）手拿 QQ 線纏繞數圈，以固定捏摺處。

Step 5 ： 用小剪刀分別剪緞帶六端，緞帶每端對摺後，如圖剪下，打開即成燕尾狀。

Step 6 ： 「米字結」完成。要注意六端的燕尾是否長度一致，建議先做到步驟 4 即可，待整個美式蝴蝶結都做好後，再修剪燕尾狀，更可以保持整個蝴蝶結的對稱性。

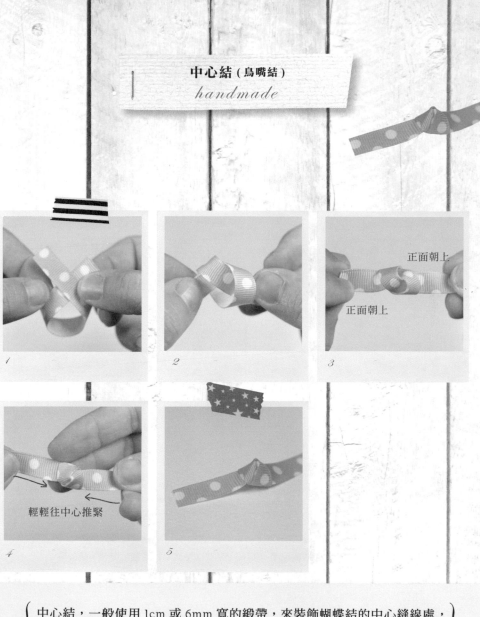

中心結（鳥嘴結）
handmade

正面朝上

正面朝上

輕輕往中心推緊

{ 中心結，一般使用 1cm 或 6mm 寬的緞帶，來裝飾蝴蝶結的中心縫線處，
故稱之為「中心結」，又打結的形狀像鳥喙，所以又叫做「鳥嘴結」。}

Step 1 ： 取一條約 1cm 寬、10～15cm 長的緞帶，先做好一個圈狀。

Step 2 ： 如圖，打一平結。

Step 3 ： 注意打平結時，拉出的兩端緞帶必須都是正面朝上。

Step 4 ： 用雙手往中心，左右輕輕推緊緞帶打結處，不需出力緊拉。

Step 5 ： 「中心結」完成。

裙帶蝴蝶結
handmade

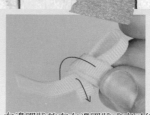

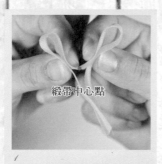

緞帶中心點

1

右上　左下

交叉處下方
成一個洞口

2

右邊圈狀放在左邊圈狀成交叉後，
順著箭頭方向將右邊圈狀穿過下方洞

3

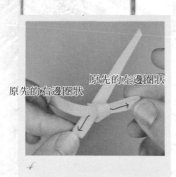

原先的左邊圈狀

原先的右邊圈狀

4

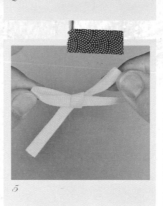

5

6

Step 1 ： 目視緞帶中心點，左右兩邊緞帶各作一個如兔耳朵的圈狀，兩邊也各留尾端緞帶。

Step 2 ： 兩個兔耳朵圈狀如圖，右上左下相交叉，交叉處下方須呈一個洞口。

Step 3 ： 右邊兔耳朵圈狀如圖示方向，穿過下方洞口。

Step 4 ： 左手慢慢拉出穿出洞口的右邊圈狀，兩邊順著箭頭方向輕輕施力，以拉緊中心交叉處。
　　　　　步驟 1 中的右邊圈狀到此步驟已換成在左邊，而相同的，步驟 1 中的左邊圈成換成在右邊。

Step 5 ： 調整兩邊兔耳朵圈狀大小和緊度，以及兩耳朵圈狀和兩尾端上下方向，成一裙帶蝴蝶結。

Step 6 ： 「裙帶蝴蝶結」結完成。

{ 之所以稱之為「裙帶蝴蝶結」，
是因為此結法，乃源自服裝上常有的兩條帶子，用以綁蝴蝶結。 }

裙帶蝴蝶結

附錄

鬆緊繩穿洞
handmade

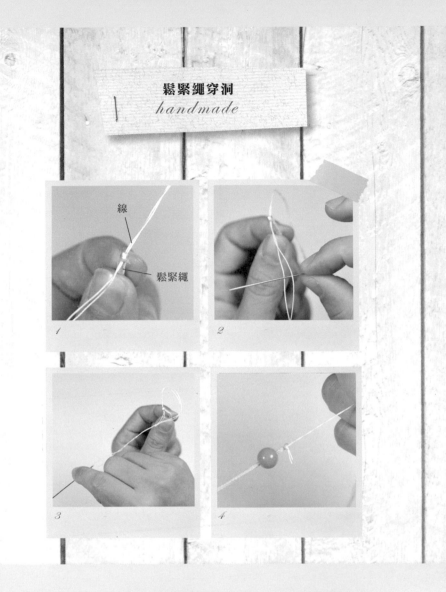

線

鬆緊繩

Step1 ： 準備針線，將線穿針打結。把針穿過鬆緊繩的一端，針要刺過鬆緊繩線頭的中心處。

Step2 ： 針繞到線的尾端，穿過尾端的雙線。

Step3 ： 將針線與鬆緊繩拉緊。

Step4 ： 針穿過檔珠的洞口，出力拉緊鬆緊繩，運用拉力和鬆緊繩的彈性讓鬆緊繩變細，得以穿過洞口。
「鬆緊繩穿洞」完成。

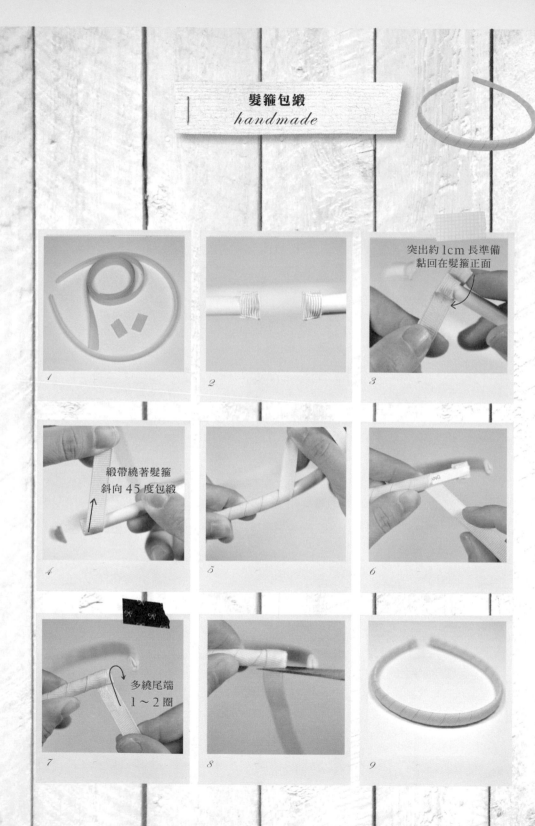

髮箍包緞
handmade

突出約 1cm 長準備
黏回在髮箍正面

緞帶繞著髮箍
斜向 45 度包緞

多繞尾端
1～2 圈

1
2
3
4
5
6
7
8
9

Ribbon Girl

Step 1 ： 準備 10mm 寬的髮箍、長約 100cm 的 10mm 寬緞帶,和兩小段約 2cm 長的同款緞帶。

Step 2 ： 將兩小段約 2cm 長的緞帶,黏在髮箍的兩端。

Step 3 ： 將 100cm 長的緞帶其中一頭塗上膠(或黏上布用雙面膠),放在其中一端髮箍的底部,
並突出約 1cm 長(準備黏回在髮箍正面)。

Step 4 ： 將步驟 3 中突出約 1cm 長的緞帶,黏回髮箍正面,然後開始用緞帶繞著髮箍,
以斜 45 度的角度包緞。

Step 5 ： 緞帶持續斜 45 度角度包緞,如果想要做出平滑的包緞,必須出點力將緞帶拉緊,
且緞帶與緞帶之間必須緊密相連但不重疊。

Step 6 ： 快包完緞時,在髮箍末端正面塗上膠(或黏上布用雙面膠),然後繼續包緞到尾端。

Step 7 ： 包緞到尾端後,把緞帶多繞尾端 1 ～ 2 圈。

Step 8 ： 順著髮箍側邊,將多餘的緞帶剪掉。

Step 9 ： 「髮箍包緞」完成。

小叮嚀

髮箍素材的寬度非常多,從 3mm ～ 25mm 寬都有。一般來說,
緞帶的寬度要大於或等於髮箍素材的寬度,若想要做出較為平滑的包緞,
就必須是等於或接近髮箍素材的寬度!

髮箍包緞

附錄

蕾絲棉織帶YOYO蕾絲圈
handmade

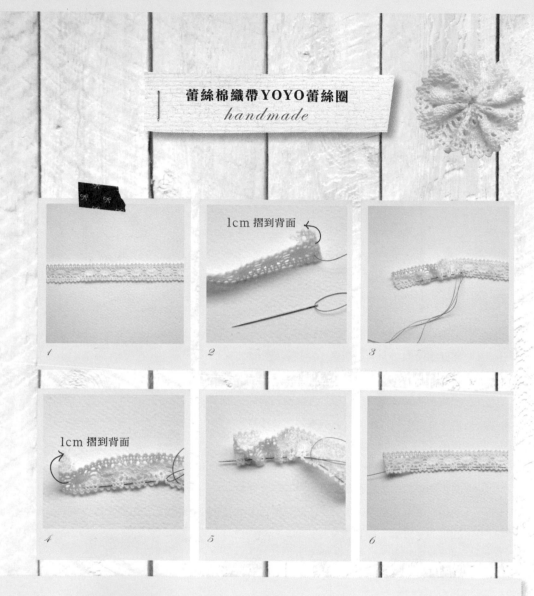

Step 1 ：準備一條 15mm 寬、16cm 長的蕾絲。織帶的寬度或長度，可依需要的 YOYO 大小，而有不同。

Step 2 ：棉織帶右端，先向背面摺 1cm，然後自背面起針、正面出針。

小叮嚀 ｛ 為了讓縫線清楚，以藍色線進行平針縫示範，
建議線的使用，應配合蕾絲織帶的顏色比較適宜。 ｝

Step 3 ：在棉織帶正面下緣處，進行間距 0.5cm 的平針縫，每個間距盡量大小平均。

Step 4 ：縫到快結束處，棉織帶左端也要向背面摺回約 1cm。

Step 5 ：繼續保持 0.5cm 間距進行平針縫。

Step 6 ：完成平針縫的棉織帶。

Step 7 ：拉緊針線，讓平針縫完的棉織帶縮成一個圓。

Step 8 ：將尾端的針刺回步驟 2 的起針處。

Step 9 ：拉緊針線，讓棉織帶形成一 YOYO 圈。

Step 10：依圖箭頭方向，針在正面越過尾端入針。

Step 11：翻到 YOYO 圈背面進行收針。

Step 12：「蕾絲棉織帶 YOYO 蕾絲圈」完成。

緞帶舞蝴蝶結
也可以這樣玩

作品說明皆是以【由下往上】的縫製順序作說明！

Q 夾系列

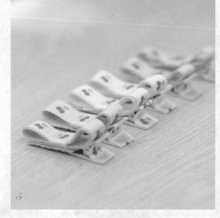

1-3 木扣 Q 夾：H 夾半包緞＋卡通木扣

4 捲捲 Q 夾：H 夾半包緞＋捲捲條

5 三色櫻桃緞帶 Q 夾：H 夾半包緞＋蝴蝶結

6 蕾絲扣 Q 夾：H 夾半包緞＋蕾絲 YOYO 縮縫＋花色扣

髮束系列

1　單結蝴蝶結 + 平面中心結 + 鬆緊繩 + 檔珠

2　上單結蝴蝶結（雙層）+ 下單結蝴蝶結 + 平面中心結 + 鬆緊繩 + 檔珠

3　上單結蝴蝶結 + 下單結蝴蝶結（雙層）+ 中心結 + 鬆緊繩 + 檔珠

4　上單結蝴蝶結 + 下單結蝴蝶結 + 中心結 + 鬆緊繩 + 檔珠

5　上單結蝴蝶結（雙層）+ 下單結蝴蝶結 + 中心結 + 鬆緊繩 + 檔珠

6　單結蝴蝶結 + 一字燕尾結 + 中心結 + 鬆緊繩 + 檔珠

緞帶舞蝴蝶結．也可以這樣玩

附錄

1.2　四耳立體蝴蝶結＋中心結＋半包緞 H 字夾＋髮箍包緞

3　四耳立體蝴蝶結（雙層）＋捲捲條＋單風車結＋中心結＋髮箍包緞

4　兩個雙耳蝴蝶結（上下顛倒放置）＋雙 8 字結＋四耳立體蝴蝶結＋
　　中心結＋半包緞 H 字夾＋髮箍包緞

5　兩個雙耳蝴蝶結（上下顛倒放置）＋兩個雙 8 字結＋四耳立體蝴蝶結＋
　　中心結＋半包緞 H 字夾＋髮箍包緞＋彩色糖果貼飾

6　四耳立體蝴蝶結＋中心結＋半包緞 H 字夾＋髮箍包緞

香蕉夾系列

1

1   四耳立體蝴蝶結（雙層）＋平面中心結＋香蕉夾

2   四耳立體蝴蝶結（雙層）＋平面中心結＋美國鈕扣飾品＋香蕉夾

3   四耳立體蝴蝶結（雙層）＋中心結＋香蕉夾

髮夾系列（烤漆 H 夾）

1   *3*

2

1   單結蝴蝶結（雙層緞帶）＋中心結＋
包緞 H 字夾（雙層緞帶）

2·3   雙耳蝴蝶結（雙層緞帶）＋中心結＋
烤漆 H 字夾

緞帶舞蝴蝶結・也可以這樣玩

附錄

177

1 雙風車結＋單風車結＋四耳扁平蝴蝶結＋中心結

2 四耳立體蝴蝶結＋一字燕尾結＋單風車結＋中心結

3 四耳立體蝴蝶結＋一字燕尾結＋四耳立體蝴蝶結＋平面中心結＋小熊貼飾

4 兩個雙耳蝴蝶結（上下顛倒放置）＋兩色單風車結＋中心結＋美國鈕扣貼飾

5 兩個雙耳蝴蝶結（上下顛倒放置）＋一字燕尾結＋捲捲條＋中心結

7

6

8

9

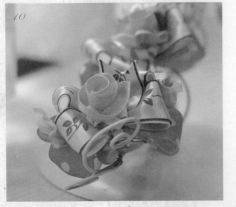

10

6	四耳立體蝴蝶結＋一字燕尾結＋單風車結＋ 裙帶蝴蝶結＋中心結
7	四耳立體蝴蝶結＋一字燕尾結＋ 四耳立體蝴蝶結＋單風車結＋中心結
8	四耳立體蝴蝶結＋一字燕尾結＋雙8字結＋ 四耳立體蝴蝶結＋單風車結＋中心結
9	四耳立體蝴蝶結＋一字燕尾結＋雙風車結＋ 單風車結＋捲捲條＋中心結
10	四耳立體蝴蝶結＋米字燕尾結＋ 四耳立體蝴蝶結＋平面中心結＋緞帶玫瑰花

11

12

13

14

11-12　四耳立體蝴蝶結＋米字燕尾結＋兩個雙8字結＋四耳立體蝴蝶結＋中心結

13　四耳立體蝴蝶結＋雙耳蝴蝶結＋四耳扁平蝴蝶結＋平面中心結

14　四耳立體蝴蝶結＋米字燕尾結＋四耳立體蝴蝶結＋平面中心結＋草莓貼飾

15　四耳立體蝴蝶結＋一字燕尾結＋四耳立體蝴蝶結＋中心結＋星形貼飾

16　四耳立體蝴蝶結＋兩個米字燕尾結（交錯排好）＋兩個雙 8 字結＋四耳立體蝴蝶結
　　＋單風車結＋平面中心結＋半圓形珍珠貼飾

17　四耳立體蝴蝶結＋一字燕尾結＋四耳立體蝴蝶結＋平面中心結＋蕾絲棉織帶 YOYO 圈
　　＋玫瑰、小珠子貼飾＋裙帶蝴蝶結

Q&A

Q1：對於新手，在購買手作蝴蝶結的緞帶時，應該先買哪種材質的緞帶比較適合？以及需要注意哪些購買細節呢？

建議先從特多龍織帶開始。由於織帶材質特性的關係，製作起像「四耳蝴蝶結」比較容易有挺度，也易於拿捏。但由於目前市售的緞帶，即使一樣是特多龍織帶，在品質上也會因有製作工廠的不同或標榜進口國的不同，在質感和軟度上會有所差別。所以對於新手購買者，建議如果可以直接到店面親自購買，親自摸摸看緞帶的質感，以及挑選喜愛的顏色後再購買會比較適當。如果只能在網路上購買，就要注意賣家拍攝的緞帶圖片，或買家賣家彼此間因電腦螢幕的不同，而造成的色差問題。

Q2：第一次手作蝴蝶結，初次購買緞帶時，應該買多寬、多長的緞帶比較適合呢？

建議先從購買 25mm 寬的特多龍緞帶做起。25mm 是一般製作手作蝴蝶結時較常使用的緞帶寬度，這樣的寬度也確實比較容易做出蝴蝶結所需要的摺度和挺度。

以書中所分享的「四耳立體款蝴蝶結」為例，在我過去的經驗當中，往往一碼長度的緞帶（1尺=30公分長、1碼=90公分長）就可以做出一對約 6～7cm 大小的四耳蝴蝶結。加上由於網路賣家往往以 1 碼為購買基本單位居多，所以建議購買時，同一款緞帶可以購買 2～3 碼左右；以避免因為初次嘗試沒有做好，或因為想要再做第 2 對時，發生緞帶不足的問題。至於其他結法所需的長度或寬度，可以參考書中各種蝴蝶結作品的材料說明。

Q3：手作蝴蝶結時，為何都要先繞 QQ 線來做定型，以及到底該怎麼繞 QQ 線呢？

在抓摺蝴蝶結的過程中，難免初次做出來的蝴蝶結，會有左右不對稱或四耳大小不一的狀況。所以如果能先以 QQ 線將蝴蝶結定型的話，除了可以減少對緞帶本身的破壞外，也可以重新剪開 QQ 線，再做一次。

一般來說，在捏摺好蝴蝶結後，我會以左手捏住已抓摺好的結，然後右手拉 QQ 線的一端，由外側向內側，以逆時針方向繞抓摺中心處約 3～5 圈。每一圈都要拉緊，不要讓 QQ 線鬆垮垮的，再出點力往下垂直扯斷 QQ 線。然後，拉另一端尚未扯斷的 QQ 線由內側往外側，以順時針方向，一樣繞抓摺中心處約 3～5 圈後，出點力往下扯斷 QQ 線即可。

Q
&
A

附錄

Q4：手作蝴蝶結時，除了繞 QQ 線以外，
　　　為什麼還需要使用針線加以縫繫呢？

使用 QQ 線打出來的蝴蝶結，往往只是方便先快速定型。若以組
合蝴蝶結來說，每個蝴蝶結仍然必須用針線縫過，加強緞帶的
牢固性以及緊實度。在過去的經驗當中，發現若單純地只是用
QQ 線定型，然後用膠黏上中心結和髮夾或髮束，雖然能非常快
速地完成作品，但卻相對地有作品不夠精緻的問題。尤其是髮
飾作品，往往使用沒多久，蝴蝶結的緞帶便容易自 QQ 線中脫
落，會產生像右圖這樣的問題。

Q5：使用打火機來燒緞帶鬚邊時，
　　　使用哪一種打火機比較好？以及必須注意的地方？

不管是哪一種緞帶或織帶，一旦經過修剪，往往修剪處都會產生鬚邊，
這時必須使用打火機快速地在修剪處來回燒鬚邊一、兩次作修整。打火
機使用，以火焰溫度較高的中層 - 藍色火焰，將打火機靠近鬚邊，來回
燒約 1 秒時間，便可以讓緞帶因遇熱融解而凝固鬚邊。要注意不要將火
焰停留太久，容易讓緞帶因熱產生捲曲或燒焦。

一般使用的是傳統的火石式安全滾輪打火機，這種打火機雖然在點火時
有時不容易一下子點燃，但相對地比較安全。此外，由於我們往往會同
時打開熱熔槍熱機，等待高溫可以黏髮夾，此時必須注意不要將打火機
和熱熔槍放在一起，以免因為熱熔槍的持續高溫，而觸發打火機裡的瓦
斯產生氣爆危險。

Q6：使用 E-6000 膠，必須注意哪些地方？
　　　以及 E-6000 膠和其他膠水的差別？

我大都是使用來塗在 10mm 寬的緞帶上作 Q 夾。E-6000 膠用量不用多，擠出來時，要
慢慢小心擠，以免一下子壓力太多，使得膠水一直流出。如果擔心一不小心讓膠水不停
流出，可以先在膠管口下墊一張紙，以面弄髒桌子。

另外，要注意的是，不要直接用膠水管口塗在手作物品上，而是要使用牙籤或木棒沾用
一些來黏。以及用完後，務必記得蓋上瓶蓋，膠才不會硬掉。膠水唯一的缺點，就是有
明顯類似塑膠的味道，所以黏完後需要將物品通風一下。

以我個人的經驗，我認為 E-6000 很好用，在作 Q 夾時，同樣的方法，卻可以比用保麗
龍膠和熱熔來的平整好看以及牢固。一般來說，保麗龍膠在一般文具行就購買得到，
而且價格也比較便宜；但使用時較黏手，以及等待乾燥牢固時間必須比較久。至於熱熔
膠部分，雖然可以迅速完工，等待時間不需要像前兩種膠水一樣，但比較適合用於黏在
像夾子這類小物上。對於經驗度不足的手作者來說，容易燙手，而且不容易將 Q 夾做
得平整；以及有戴久了，也比前兩者還容易造成緞帶與髮夾脫離的缺點。

Q7: 使用熱熔膠，必須注意哪些地方？
當膠溢出時，該怎麼辦？

熱熔槍的「溫度」，主要是影響膠的黏性關鍵，所以使用熱
熔槍時，可以事先熱機 5～10 分鐘左右。待擠出的膠條呈透
明黏稠液體狀時，才可以開始使用。一旦膠擠在髮夾上時，
務必盡快與蝴蝶結做黏合，並用手壓緊約 3～4 分鐘左右再
放手，以免膠因與空氣接觸，溫度下降而影響黏性。

當髮夾或緞帶中心結與蝴蝶結做黏合而彼此擠壓時，為難免
熱熔膠會溢出，這時切記請先暫時不要理會這些溢出的膠，
尤其不要急著想用手將溢出的膠抹去，會被燙到。只要待溢
出的膠冷卻乾掉後，再用小剪刀將這些溢出或突出的膠修平，
用打火機快速燒一下，運用膠遇熱會變透明的原理來處理這
些膠溢出的膠即可。

Q8: 手作蝴蝶結時，需要注意哪些配色問題？
以及可以從哪些地方激發自己的創意呢？

當學會了各種蝴蝶結作法後，配色問題往往是許多人的困擾。加上日前緞帶及其相關配件
素材的來源都很相近，如何凸顯出手作蝴蝶結的價值，這是你在創作的過程中必須思考的
問題。

關於配色的原則，可以從相近色或對比色開始。如果想做出柔和、感覺舒服的色調，可嘗
試用深淺色落差不大的相近色來搭配。如書中作品「純色物語・鵝黃篇章」、「捲捲精靈・
好浪漫啊！女孩」。反之，想做出強烈活潑或衝突感的色調，便可從對比或衝突色來配色。
如書中作品的「童年物語・波妞意象」、「Zakka 織帶物語・公主的黑夜之舞」。

再者，一件美式蝴蝶結的組合作品中，往往會以花色印刷緞帶當作主體，然後，輔以素色
緞帶當作基底調。所以你也可以嘗試從想要製作的花色印刷緞帶上的圖案去做聯想，尋找
可以搭配的素色緞帶。例如，書中「女孩物語・草莓巧克力奶昔」，便從條紋織帶中的淡
粉底和可可色線條，去找出可以搭配的粉色緞帶和可可色緞帶。

最後，我想「觀察」更是啟發自己創作靈感的一大關鍵。試著從欣賞當季的童裝或流行服
裝的時裝秀出發，去增加自己對色彩的敏感度。像書中「甜蜜物語・午茶篇章」裡鵝黃色
配銀灰色組合，便是從時裝雜誌裡驚見到這兩色竟可以如此的組合；甚至，從觀察大自然
的植物花朵也是一個不錯的激發點，如書中的作品「捲捲精靈・好美啊！阿勃勒」便是夏
季帶孩子們到阿勃勒樹下享受藍天下的串串金黃，而聯想出來的作品喔！

和風材料小舖

主要販售 緞帶、髮夾、手工創作相關各類雜貨及飾品配件。

台南市國華街三段 26 號 B17.18 （淺草新天地內）
pm2:30 ～ 6:30 每週一公休
Tel:06-3368867
www.rlbc.com.tw/

潔咪 & 蜜菈

主要販售 進口素色、花色緞帶，製作蝴蝶結相關配件和素材
以及美國布料、日本布料等。

台南市民權路二段 193 號
Tel:06-2203682
tw.myblog.yahoo.com/ilovefabric-mybotique
www.facebook.com/jamieandmela

國家圖書館出版品預行編目（CIP）資料

手作美式蝴蝶結，給我的小公主 /JTmama Lin 作 . -- 初版 . --
新北市：世茂, 2012.10
面； 公分 . --（手工藝品 ;23）
ISBN 978-986-6097-62-1（平裝）

1. 裝飾品 2. 手工藝

426.9   101012452

手工藝品系列 23

手作美式蝴蝶結，給我的小公主

作者	JTmama Lin（林秀香）
攝影	郭貞陽、JTmama、林滄輝（P46,48,50,66,82,84,88,90,92, 100,106,118,120,124,146,148,154 作品）
主編	簡玉芬
責任編輯	謝翠鈺
排版‧封面設計	季曉彤
插畫	鍾淑婷
出版者	世茂出版有限公司
負責人	簡泰雄
地址	231　新北市新店區民生路 19 號 5 樓
電話	(02)2218-3277
傳真	(02)2218-3239 訂書專線
	(02)2218-7539
劃撥帳號	19911841
戶名	世茂出版有限公司
	單次郵購總金額未滿 500 元（含），請加 50 元掛號費
酷書網	www.coolbooks.com.tw
製版	辰皓國際出版製作有限公司
印刷	祥新印刷股份有限公司
初版一刷	2012 年 10 月
四刷	2015 年 11 月
ISBN	978-986-6097-62-1
定價	380 元

Ribbon